Carl-Auer

Die Reihe Management/Organisationsberatung

Die heutige Gesellschaft ist eine organisierte Gesellschaft. Man muss schon lange suchen, um überhaupt noch Bereiche zu finden, die nicht von Organisationen geprägt sind. Unternehmen jedweder Größe und Eigentumsform, Verwaltungen, Schulen, Gerichte, Krankenhäuser, Universitäten, Kirchen, Verbände, Parteien, Vereine etc. – allesamt übernehmen sie gesellschaftliche Funktionen und bestimmen unser Leben. Die Fülle an Aufgaben, die unter den Bedingungen zunehmender Globalisierung und Digitalisierung gleichzeitig zu erfüllen sind, wie auch die Bandbreite an Organisationskonzepten und Führungsansätzen, mit denen der komplexe Alltag bewältigt werden soll, stecken das Feld ab, in dem Management und Beratung mehr oder weniger wirksam werden.

Die Zeiten, in denen es einfache Antworten auf die vielfältigen Fragen zur Überlebenssicherung einer Organisation und auch zur Steuerung tagtäglicher Entscheidungsprozesse gab, sind seit Langem vorüber. Der Komplexität, mit der heute alle konfrontiert sind, die in verantwortlichen Funktionen in und mit Organisationen arbeiten – Führungskräfte, Manager und Organisationsberater etc. –, wird man mit Rezeptwissen nicht mehr gerecht. Hier setzen die neuere Systemtheorie und mit ihr die Reihe Management/Organisationsberatung im Carl-Auer Verlag an. Beide liefern Konzepte und »Landkarten«, die auch im unübersichtlichen Terrain von Wirtschaft und Organisation Orientierung ermöglichen und Handlungsfähigkeit sicherstellen.

Das Ziel der Reihe ist es, empirisch gehaltvolle Forschungen über die Prozesse des Organisierens wie auch theoretisch angemessene Führungs- und Beratungsansätze zu präsentieren. Zugleich sollen bewährte Methoden einer system- und lösungsorientierten Praxis im Kontext von Organisationen überprüft und neue Ansätze entwickelt werden.

Torsten Groth
Herausgeber der Reihe
Management/Organisationsberatung

Michel Eggebrecht

Was, wenn sich mein Team gar nicht entwickeln will?

Herausforderungen für Teamentwickler und Führungskräfte

2024

Themenreihe »Management und Organisationsberatung«
hrsg. von Torsten Groth
Reihengestaltung: Uwe Göbel
Umschlaggestaltung: B. Charlotte Ulrich
Umschlagfoto: © Joschua – stock.adobe.com
Redaktion: Markus Pohlmann
Satz: Drißner-Design u. DTP, Meßstetten
Printed in Germany
Druck und Bindung: CPI books GmbH, Leck

MIX
Papier | Fördert gute Waldnutzung
FSC® C083411
FSC www.fsc.org

CPI klimaneutral
Mehr Bäume.Weniger CO_2

Erste Auflage, 2024
ISBN 978-3-8497-0543-5 (Printausgabe)
ISBN 978-3-8497-8505-5 (ePUB)

Bibliografische Information der Deutschen Nationalbibliothek:
Die Deutsche Nationalbibliothek verzeichnet diese Publikation in der Deutschen Nationalbibliografie; detaillierte bibliografische Daten sind im Internet über http://dnb.d-nb.de abrufbar.

Informationen zu unserem gesamten Programm, unseren Autoren und zum Verlag finden Sie unter: **https://www.carl-auer.de/**
Dort können Sie auch unseren Newsletter abonnieren.

Carl-Auer Verlag GmbH
Vangerowstraße 14 • 69115 Heidelberg
Tel. +49 6221 6438-0 • Fax +49 6221 6438-22
info@carl-auer.de

Inhalt

Einleitung

Ist es meine Aufgabe als Teamentwickler,[1] gezielt Einfluss auf ein Team, bestehend aus erwachsenen Menschen mit eigenem Willen, zu nehmen? Wie soll das gehen? Das Team soll sich entwickeln. Aber wohin eigentlich? Und wer bestimmt die Richtung? Was mache ich, wenn sich ein Team gar nicht weiterentwickeln will oder mir abwehrend gegenübersteht? Was, wenn Verbesserungsmaßnahmen ständig im Sande verlaufen? Oder das Team keine Verantwortung übernimmt? Wie gehe ich damit um, wenn schwierige Teammitglieder das Klima vergiften? Wann sollte im Team gemeinsam entschieden werden? Und wann nicht? ... Sowohl temporäre Teamentwickler, die nur punktuell und anlassbezogen zum Team hinzustoßen, als auch dauerhafte Teamentwickler, wie zum Beispiel Scrum Master, sehen sich mit schwierigen Fragen konfrontiert. Um diese und viele weitere Herausforderungen geht es in diesem Buch.

Verteilt auf zehn thematisch gegliederte Kapitel, betrachten wir herausfordernde Fragestellungen, die jeweils im Rahmen eines Unterkapitels dargestellt werden. Jedes Unterkapitel beginnt damit, in die Gedankenwelt eines fiktiven Teamentwicklers einzutauchen, der mit einer ganz konkreten Fragestellung zu kämpfen hat. So ringt er an einer Stelle mit der Frage, ob er sich besser auf die Seite des Teams oder auf die Seite der Organisation stellt. An anderer Stelle verzweifelt er über die fehlende Verantwortungsübernahme seines Teams.

In Kapitel 1 erläutere ich einige zentrale Grundbegriffe (Team, Teamentwicklung, Teamentwickler), die für das weitere Verständnis wichtig sind. Danach steht es dem Leser frei, sich eine ihm spannend erscheinende Fragestellung aus dem Inhaltsverzeichnis herauszugreifen und direkt an die entsprechende Stelle zu springen. Die Hauptkapitel können unabhängig voneinander in beliebiger Reihenfolge gelesen werden. Wer direkt in ein Unterkapitel einsteigen will, sollte zuvor zumindest die kurze Einführung des zugehörigen Hauptkapi-

---

1 Wegen der besseren Lesbarkeit verzichte ich in diesem Buch meist darauf, geschlechterspezifische Formulierungen zu verwenden. Personenbezogene Bezeichnungen in der männlichen grammatischen Form beziehen sich in der Regel auf alle Geschlechter.

tels lesen, in der relevante Begriffe eingeführt werden. Querverweise kennzeichnen inhaltliche Beziehungen zwischen den Kapiteln. Wer auf große inhaltliche Sprünge verzichten will, darf das Buch auch ganz gewöhnlich von vorne nach hinten durchlesen.

Wir beginnen in *Kapitel 1* mit den Grundlagen und erläutern zentrale Begriffe. Danach behandeln wir die Rolle und Haltung des Teamentwicklers *(Kapitel 2)*. Wenn Team und Teamentwickler aufeinandertreffen, stellen sich die Weichen der Zusammenarbeit. Teamentwickler, die in der Anfangsphase keinen Anschluss ans Team finden, bleiben oft wirkungslos. Dazu mehr in *Kapitel 3*. Um einen guten Start hinzulegen, bedarf es einer soliden Auftragsklärung *(Kapitel 4)*. *Kapitel 5* dreht sich um die Wahl und Formulierung von Themen und Zielen, die im Rahmen der Teamentwicklung bearbeitet beziehungsweise erreicht werden sollen. Wenn diese geklärt sind, geht es ans Eingemachte: Teamentwickler sollen für Veränderungen im Team sorgen. Wie sie das tun können, behandelt *Kapitel 6*. Wer als Teamentwickler arbeitet, muss immer auch die zwischenmenschliche Dynamik des Teams im Blick behalten *(Kapitel 7)*. *Kapitel 8* befasst sich unter dem Stichwort Selbststeuerung mit Fragen der Koordination, Verantwortungsübernahme und Entscheidungsfindung von Teams. Da Teams nicht frei in der Organisation herumschweben, betrachten wir auch den Rahmen, der das Team in der Organisation umgibt und, so viel sei schon hier angemerkt, der die Arbeit des Teams sowie die Möglichkeiten der Teamentwicklung erheblich beeinflusst *(Kapitel 9)*. Abschließend schauen wir auf das Ende der gemeinsamen Reise von Team und Teamentwickler *(Kapitel 10)*.

Ein kurzer Hinweis noch: Die gewählten Beispiele entspringen an vielen Stellen agilen Umfeldern. Der Bedarf agiler Teams an Teamentwicklung ist aufgrund ihrer hohen Anforderungen an die Selbststeuerung besonders groß. Entsprechend finden sich in agil arbeitenden Teams oft Rollenträger, die dauerhaft mit einem Teamentwicklungsauftrag ausgestattet sind (z. B. Scrum Master). Aber auch »klassische« Teamleiter, die ihr Team weiterentwickeln wollen, oder Coaches, die vorwiegend nicht in agilen Umfeldern tätig sind, sollten sich an dieser Stelle nicht abschrecken lassen. Die Stolperfallen sind in vielen Fällen die gleichen, und die hier dargestellten Gedanken lassen sich auf ganz unterschiedliche Kontexte übertragen. Um Außenstehenden oder »agilen Neulingen« einen guten Zugang zu ermöglichen, habe ich versucht, mich auf eine geringe Anzahl agil-spezifischer Begriffe zu beschränken. Wer Scrum in den theoretischen Grundzügen verstanden hat, wird sich problemlos durch das Buch bewegen. Für alle anderen habe ich notwendiges Wissen im »Anhang: Agile Grundbegriffe« kurz dargestellt.

1 Grundlagen: Das Team, der Teamentwickler und die Organisation

Wir beschäftigen uns zunächst mit grundsätzlichen Fragen:

- Wann braucht es überhaupt Teamarbeit und wann nicht (Kap. 1.1)?
- Was ist Teamentwicklung und was die Aufgabe eines Teamentwicklers (Kap. 1.2)?
- Welche Rolle spielt die Organisation, die das Team umgibt (Kap. 1.3)?

1.1 Braucht es überhaupt Teamarbeit?

Gedanken eines Teamentwicklers: Jeden Morgen stehen wir mit dem ganzen Team im Daily Stand-up zusammen. Nacheinander berichten alle Teammitglieder, was sie seit gestern geschafft haben und was sie sich für heute vornehmen. Nur scheint es keinen zu interessieren. Nach 15 Minuten sind wir durch, und jeder geht wieder an seine Arbeit. Im Zweiwochentakt reflektiert das Team im Rahmen der Retrospektive die gemeinsame Zusammenarbeit. Auch das ist zäh. Es wird nach Themen gesucht, aber nur selten etwas gefunden, was für alle relevant ist. Die Beteiligung ist mau, und die Leute scheinen froh zu sein, wenn sie wieder an ihren Schreibtisch können. Dabei habe ich schon alles Mögliche ausprobiert, um die Meetings lebendiger zu gestalten. Langsam frage ich mich, wieso wir das eigentlich machen. Braucht es Teamarbeit mit den ganzen Meetings, wenn alle ihre Aufgaben unabhängig voneinander erledigen können?

Teams sind die Allzweckwaffe moderner Unternehmen. So scheint es zumindest. Wo der Begriff Agilität fällt, sind Teams die Grundpfeiler der Wertschöpfung, und auch sonst verzichtet kaum ein Unternehmen auf Teamarbeit. Aber ist das gerechtfertigt? Die kurze Antwort lautet: Nein, Teams sind nicht immer sinnvoll. Organisationen, die Teamarbeit an der falschen Stelle einsetzen, erzeugen Aufwände, für die es keinen Bedarf gibt. Teamentwickler sollten erkennen, wann Unternehmen besser auf Teamarbeit verzichten. Gehen wir einmal einen Schritt zurück und fragen uns, was ein Team überhaupt ist.

Was ist ein Team?

Alles beginnt mit einer Grenzziehung. Unternehmen, oft mit Tausenden von Mitarbeitern, ziehen einen Kreis um eine kleine Anzahl von Mitarbeitern und bezeichnen sie als Team. Wer innerhalb des Kreises steht, gehört zum Team, wer außerhalb steht, nicht. Die Grenze ist klar (Hackman 2012, p. 437). Teams erhalten darüber hinaus eine gemeinsame Ausrichtung. Sie sollen Hand in Hand auf dasselbe Ziel zusteuern oder sich denselben Verantwortungsbereich teilen. Die Idee dahinter: Alle innerhalb der nun gezogenen Teamgrenze sollen besonders eng miteinander im Austausch sein, um die gemeinsame Aufgabe zu erledigen beziehungsweise das geteilte Ziel anzustreben. Kein Teammitglied wäre in der Lage, das Ziel ohne die Kollegen zu erreichen. Die Teammitglieder sind in diesem Sinne abhängig voneinander (Salas et al. 1992, p. 4).

Wann sind Teams sinnvoll?

Teams sind (nur!) dann sinnvoll, wenn Abstimmungsbedarf zwischen den Beteiligten besteht: »Sagt Bescheid, wenn ihr die Texte geprüft habt. Dann setze ich mich ans Layout.« »Hast du einmal die Zahlen für die Präsentation für mich?« »Ich bin gleich in der Datenbank. Denkt dran, in der Zeit keine Anpassungen vorzunehmen!« … Wenn derartige Sätze immer wieder zu hören sind, scheint ein hoher Abstimmungsbedarf vorzuliegen.

Teams kommen häufig bei komplexen Aufgabenstellungen zum Einsatz, die ganz unterschiedliche Kompetenzen erfordern. Man denke an das Entwickeln einer Software: Wer ist der Nutzer der Software, und welches Problem will er damit lösen? Wie passt das Feature in die bestehenden Prozesse? Wie könnte die technische Implementierung aussehen? Woher bekommen wir die notwendigen Daten? Gibt es rechtliche Rahmenbedingungen? …

Eine Einzelperson wäre mit diesem Wust an Fragen überfordert. Ein Team hingegen kann auf die unterschiedlichen Erfahrungen, Qualifikationen und Fertigkeiten der Mitglieder zurückgreifen. Stehen komplexe Probleme auf der Tagesordnung, die nur dadurch gelöst werden können, dass dieselben Know-how-Träger regelmäßig ihre

Köpfe zusammenstecken, spricht das für den Einsatz eines Teams. Mit der Zeit entwickeln die Teammitglieder eine gemeinsame Sprache und lernen, wer für welches Problem zusammenkommen muss, um eine Lösung zu (er)finden.

Wann sind Teams nicht sinnvoll?

Bei Weitem nicht jede Aufgabenstellung erfordert echte Teamarbeit. Viele Aufgaben können gut von kompetenten Einzelpersonen gelöst werden. So kann der Biochemiker die Arbeit in seinem Labor weitgehend autonom gestalten. In vielen Jobs steht auch die effiziente Abarbeitung von Routineaufgaben im Vordergrund. Bei der Bearbeitung von Standardanträgen oder der Zustellung von Paketen müssen nicht ständig komplexe Probleme gelöst werden, die das Know-how unterschiedlicher Personen erfordern. Hier sollte bestmöglich standardisiert werden, um hohe Effizienz zu erreichen. Teams, die ihre Arbeit gemeinsam hinterfragen und versuchen, innovative Ideen zu entwickeln, wären hier eher hinderlich. Auch wenn in Ausnahmefällen komplexe Probleme entstehen, bedarf es dafür noch kein dauerhaft angelegtes Team. Oft reicht es dann situationsspezifisch im jeweiligen Einzelfall, die richtigen Leute an einen Tisch zu setzen.

Zwischen isolierten Einzelarbeitsjobs einerseits und abstimmungsintensiver Teamarbeit andererseits gibt es einige Schattierungen. Stellen wir uns mehrere Recruiter vor, die gemeinsam für die Besetzung aller vom Unternehmen ausgeschriebenen Stellen verantwortlich sind. Zum einen haben alle Recruiter ihre eigenen Vakanzen, die sie vom Schreiben der Stellenanzeige bis zur Unterzeichnung des Arbeitsvertrags weitestgehend allein betreuen. Zum anderen gibt es dennoch regelmäßige Abstimmungsbedarfe: »Liest du mal über meine Stellenanzeige drüber? Die Position müssen wir dringend besetzen, kannst du hier mit auf die Suche gehen? Ich bin kommende Woche im Urlaub. Kannst du das Bewerbungsgespräch übernehmen?«

Wie hoch der Abstimmungsbedarf sein muss, um von einem echten Team zu sprechen, lässt sich nicht eindeutig festlegen. Dass in Unternehmen häufig von Teams gesprochen wird, obwohl diese die definitorischen Anforderungen an ein Team (gemeinsame Ausrichtung, Abstimmungsbedarf) streng genommen nicht erfüllen, ist nicht weiter schlimm. Kritisch wird es erst, wenn eine Organisationseinheit teamartige Kommunikationsstrukturen (Meetings) einführt, obwohl diese nicht notwendig sind. Wenn man sich als Teamentwickler also in einem Team wiederfindet, in dem die Meetings zäh sind und die Relevanz des gemeinsamen Austauschs vom Team infrage gestellt wird, kann das ein Signal dafür sein, dass Teamarbeit an der falschen Stelle eingesetzt wird. Teamentwickler können dann darauf hinwirken, die Kommunikationsaufwände (Meetings) zu reduzieren. Gibt es nichts abzusprechen, ist auch kein tägliches Stand-up-Meeting zur Synchronisation der Teammitglieder notwendig.

Es sei noch angemerkt, dass schleppende Meetings und ein fehlendes Wir-Gefühl, nicht zwangsläufig darauf zurückzuführen sind, dass der ans Team gerichtete Auftrag keine Zusammenarbeit erfordert. Möglicherweise werden die Termine nicht gut moderiert, oder ein schwelender Konflikt drückt die Stimmung. Teamentwickler sollten hier genau hinschauen, bevor sie ein Urteil fällen.

Fazit

Echte Teamarbeit zeichnet sich durch eine gemeinsame Ausrichtung und einen hohen Grad an erforderlicher Abstimmung aus. Erfordert der Auftrag, der ans Team gerichtet ist, gar keine Zusammenarbeit zwischen den Teammitgliedern, besteht keine Notwendigkeit für häufige Abstimmungsmeetings, wie sie typischerweise in agilen Umfeldern stattfinden.

1.2 Ich soll das Team entwickeln. Was bedeutet das?

Gedanken eines Teamentwicklers: Teamentwicklung klingt erst mal schön und gut. Aber was heißt das eigentlich? Bezieht sich das immer auf die weniger greifbaren weichen Faktoren wie Wertschätzung und Kommunikation? Oder stehen eigentlich wirtschaftliche Aspekte wie die Geschwindigkeit des Teams im Vordergrund? Schließlich werde ich vom Unternehmen bezahlt. Auch die Erwartungen an mich scheinen sich zu unterscheiden: Für die einen bin ich ein Experte für agile Arbeit. Demnach soll ich dem Team Praktiken beibringen und dafür sorgen, dass sie richtig angewendet werden. Andere betrachten mich als Coach, der die richtigen Fragen stellt, um das Team in die gemeinsame Reflexion zu bringen. Was ist denn nun meine Aufgabe als Teamentwickler?

Unter Teamentwicklung verstehe ich alle bewusst eingesetzten Maßnahmen, die darauf abzielen, durch eine bessere Zusammenarbeit der Teammitglieder die Leistungsfähigkeit eines Teams zu steigern. Die Leistungsfähigkeit eines Teams kann sehr unterschiedliche Aspekte umfassen und ist daher im jeweiligen Anwendungskontext zu definieren: Das Forschungsteam soll schneller zu gemeinsamen Entscheidungen gelangen, das Softwareentwicklungsteam soll ihren Kunden weniger Softwarefehler zumuten, und das Marketingteam möchte besser aus gegenseitigem Feedback lernen. Der gemeinsame Nenner besteht darin, dass die verbesserte Teamleistung immer auf die Zusammenarbeit der Teammitglieder zurückzuführen ist. Manchmal zielen Teamentwicklungsmaßnahmen direkt auf die kommunikativen und zwischenmenschlichen Aspekte besserer Zusammenarbeit (z. B. Feedbackkultur) ab, und manchmal stehen sachlichere Ziele (z. B. weniger Softwarefehler) im Vordergrund. Wenn Teams ein Vieraugenprinzip und gemeinsame Testpraktiken einführen, um die Anzahl der Fehler zu verringern, ist das eine Teamentwicklungsmaßnahme, weil sie die Zusammenarbeit der Teammitglieder betrifft.

Teamentwicklungsaufträge lassen sich in zwei Arten untergliedern (Abb. 1), die sich systematisch voneinander unterscheiden: temporäre und dauerhafte Teamentwicklungsaufträge. Unter *temporärer Teamentwicklung* verstehe ich zeitlich begrenzte Teamentwicklungsaufträge, die sich auf ein bestimmtes Anliegen beziehen. Ob ich dabei eher in einer moderierenden, reflexionsanregenden oder beratenden Rolle angefragt werde, ist hier zweitrangig. Beispiele für temporäre Teamentwicklungsanfragen:

- »Wir haben immer wieder Reibungen im Team darüber, wer welche Aufgaben übernimmt. Wir brauchen dich da einmal als neutralen Moderator.«
- »Wir sind, wie alle anderen Teams auch, neuerdings gezwungen im Dreiwochentakt zu planen. Aber bisher ist das Planungsmeeting wahnsinnig anstrengend. Kannst du den Termin mal eine Zeitlang begleiten und mit uns verbessern?«
- »Unsere Fehlerquote hat sich in den letzten Jahren verdoppelt, und wir wissen nicht warum. Kannst du da einmal mit uns draufschauen? Du kennst ähnliche Situationen doch aus anderen Teams.«

Im Gegensatz zur temporären Teamentwicklung ist dauerhafte Teamentwicklung auf einen deutlich längeren Zeitraum angelegt. Zudem hat dauerhafte Teamentwicklung in der Regel keinen spezifischen Anlass. Ich spreche beispielsweise von dauerhafter Teamentwicklung, wenn ein Scrum Master oder eine Teamleiterin einen grundsätzlichen und damit zeitlich unbegrenzten Teamentwicklungsauftrag innehat. Worin sich das Team genau entwickeln soll, wird bei einem dauerhaften Teamentwicklungsauftrag in der Regel offengelassen oder sehr global formuliert (z. B.: »Das Team soll agil werden«). Der dauerhafte Teamentwickler identifiziert zusammen mit dem Team immer wieder neue Entwicklungspotenziale, an denen dann gemeinsam gearbeitet wird.

Dauerhafte Teamentwickler haben neben ihrem Teamentwicklungsauftrag oft noch andere Aufgaben im selben Team. So unterstützt die Scrum Masterin das Team beispielsweise bei der Beseitigung von Hindernissen, die von der Arbeit abhalten, und der klassische Teamleiter führt Gespräche mit Bewerbern, um offene Stellen zu besetzen.

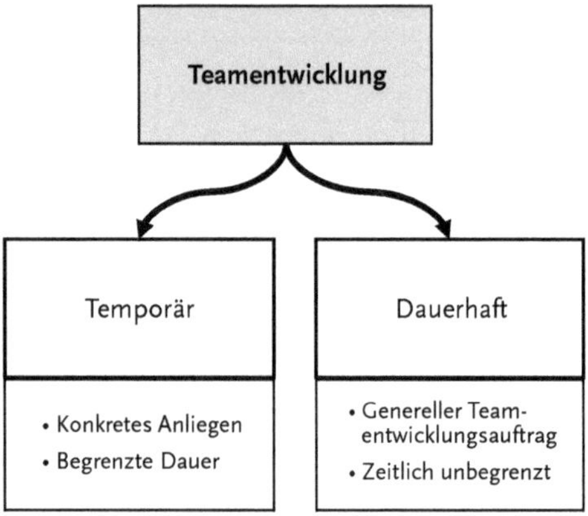

Abb. 1: Temporäre und dauerhafte Teamentwicklung

Die meisten Herausforderungen, die in diesem Buch beschrieben werden, sind sowohl für temporäre als auch für dauerhafte Teamentwickler relevant. Ist das nicht der Fall, verwende ich bewusst die begriffliche Unterscheidung. Dann spreche ich entweder vom temporären oder vom dauerhaften Teamentwickler.

Teamentwickler versuchen über die Gestaltung der Zusammenarbeit Einfluss auf die Leistungsfähigkeit eines Teams zu nehmen. Die konkreten Aufgaben können dabei sehr unterschiedlich aussehen. *Typische Tätigkeiten eines Teamentwicklers* sind:

- *Prozessbegleitung und Moderation:* Prozessbegleiter gehen davon aus, dass die Teammitglieder selbst die Experten für die Herausforderungen des Teams sind. Teamentwickler sind in der Rolle des Prozessbegleiters also nicht Experte für die Inhalte, sondern für die Gestaltung methodischer Prozesse, die die Teammitglieder in eine zielführende gemeinsame Reflexion bringen. Prozessbegleiter stellen zur richtigen Zeit die richtigen Fragen und wählen passende Vorgehensweisen und Methoden (Warm-ups, Kreativitätstechniken, Stimmungsbilder, Entscheidungsverfahren, ...) aus. Sie wissen, wann es Einzelgespräche, wann es anonyme Abfragen, wann es kleinschrittige Termine und wann es ganztägige Workshops braucht. Moderatoren sorgen dann für einen strukturierten Ablauf einer Veranstaltung und eine reibungslose Anwendung der gewählten Methoden.
- *Beratung* (zu zusammenarbeitsrelevanten Themen): Teamentwickler sind dann beispielsweise Ansprechpartner für die Wahl des passenden Teamframeworks (Scrum? Kanban?) oder das Aufsetzen geeigneter Teamprozesse. Sie analysieren Situationen (z. B.: Inwieweit ist Scrum hier anwendbar?), weisen auf Vor- und Nachteile hin und geben Empfehlungen ab. Der beratende Teamentwickler kennt die Theorie und weiß, wie typische Probleme in anderen Teams gelöst wurden, und kann daher wertvolle Hinweise und Anregungen geben.
- *Konfliktklärung:* Manchmal ist man als Teamentwickler auch in der Rolle des Mediators gefragt. Wenn die Zusammenarbeit eines Teams gestört ist, gilt es die Wogen zu glätten. Konflikte belasten ein Team oft ungemein. Um die Arbeitsfähigkeit wiederherzustellen, können Teamentwickler eine Konfliktklärung moderieren. Wenn Teamentwickler sehr nah am Team sind, fehlt ihnen möglicherweise die notwendige Neutralität, um als Mediator zu agieren. Das bedeutet aber nicht, dass sie dann nichts tun können. Dauerhafte Teamentwickler, die das Team schon seit Monaten unterstützen, könnten in dem Fall die Auf-

gabe übernehmen, eine Konfliktklärung mit einem externen Mediator zu initiieren (Kap. 7.5).

- *Training:* Trainer vermitteln Inhalte ans Team und üben neue Praktiken (z. B. Feedbacktechniken) mit ihnen ein. Je nach Tätigkeitsfeld des Teams können auch spezifischere Inhalte vermittelt werden. So lassen sich im IT-Umfeld beispielsweise Praktiken wie Pair oder Mob Programming schulen. (Mehrere Softwareentwickler programmieren zusammen vor demselben Bildschirm.) Wer als Trainer auftritt, sollte natürlich die entsprechende Expertise mitbringen.
- *Beobachtung und Feedback:* Teamentwicklern fallen immer wieder Dinge im Team auf, die sie dem Team zurückmelden können. (»Wenn Marius nicht da ist, schaut niemand auf das Betriebsdashboard. Kann das sein?«) Wer Teams länger begleitet, wird viele Beobachtungen machen können und sollte in der Lage sein, auch kritische Dinge zurückzumelden. (»Ich erlebe euch im Umgang mit den anderen Teams als überheblich« oder »Die Daten zeigen, dass ihr euch in den letzten fünf Planungszyklen überschätzt habt. Wieso glaubt ihr, es diesmal zu schaffen?«)

Abhängig von den individuellen Fähigkeiten, Überzeugungen und Präferenzen wird die Rolle des Teamentwicklers sehr unterschiedlich gelebt. Während die Scrum-Expertin bevorzugt inhaltlich berät, nimmt der ausgebildete Mediator die zwischenmenschlichen Herausforderungen ins Visier. Im besten Fall passen die Kompetenzen des Teamentwicklers zur Situation des Teams.

Auch die *hierarchische Position des Teamentwicklers* beeinflusst die Handlungsmöglichkeiten. Disziplinarische Führungskräfte, die ihr Team weiterentwickeln wollen, haben es vermeintlich leichter, Reflexionsräume zu schaffen (»Wir überlegen heute mal, wie wir die Übergaben besser hinbekommen«) und können ggf. schneller Entscheidungen für konkrete Maßnahmen herbeiführen (»Ich finde Peters Idee gut; lasst uns das doch mal ausprobieren«). Gleichzeitig werden sie aber vermutlich nicht als neutraler Mediator wahrgenommen, wenn sie inhaltlich für das umstrittene Thema verantwortlich sind. Wer über Gehalt, Aufstiegschancen, Arbeitsbedingungen etc. entscheidet, muss zudem damit rechnen, durch die eigene Anwesenheit die Diskussion zu beeinflussen (Was will die Chefin wohl hören?).

Fazit

Wer als Teamentwickler arbeitet, wird damit leben müssen, dass ihm der Begriff »Teamentwicklung« nur wenig Klarheit darüber liefert, was er zu tun hat. Trotz des übergeordneten Ziels, die Leistungsfähigkeit des Teams durch eine verbesserte Zusammenarbeit zu erhöhen, können die spezifischen Tätigkeiten des Teamentwicklers abhängig von seinem Auftrag, seiner spezifischen Position (temporärer Coach, dauerhaft eingesetzter Scrum Master, disziplinarischer Teamleiter ...), seinen Kompetenzen und der Situation des Teams sehr unterschiedlich sein.

1.3 Die Organisation als Umwelt des Teams: Freundin oder Feindin?

Gedanken eines Teamentwicklers: Der Zusammenhalt im Team ist stark, die teaminternen Absprachen laufen gut, und alle hängen sich rein. Aber eine Sache macht mir Sorgen: Das Team schottet sich zunehmend vom Rest der Organisation ab. Die Zusammenarbeit mit anderen Teams wird, wenn irgend möglich, vermieden. Vorgaben des Managements werden als übergriffig empfunden, und generell ist der Blick auf umliegende Teams und Abteilungen ziemlich kritisch. Ich bin unsicher: Soll ich das Team von außen abschirmen, damit es in Ruhe arbeiten kann? Oder wäre es mein Job, das Team milder und vor allem der Organisation gegenüber kooperativer zu stimmen?

Wenn sich Organisationseinheiten (Teams, Abteilungen, ...) nach außen abschirmen, die übergreifende Kommunikation mit anderen Organisationseinheiten meiden und sich einseitig auf die eigenen Ziele fokussieren, steht schnell der Vorwurf des »Silodenkens« im Raum. Ein Punkt wird dabei allerdings oft vergessen: Ein zentraler Vorteil von Organisationen besteht genau darin, dass nicht jeder ständig mit jedem kommunizieren muss. Organisationen teilen Arbeit in verschiedene Teilaufgaben auf, die dann von unterschiedlichen Organisationseinheiten (z. B. Teams) möglichst autonom erledigt werden. Das Marketingteam kümmert sich ums Marketing und muss sich nicht auch noch mit der Produktion der zu vertreibenden Waren oder dem Rechnungswesen auseinandersetzen. Die

Komplexität für die jeweiligen Einheiten bleibt dadurch handhabbar (Kieser u. Walgenbach 2010, S. 38), und diese können einigermaßen unabhängig agieren.

Wenn sich vor diesem Hintergrund ein Team ständig mit anderen Teams oder Abteilungen abstimmt, ist das nicht zwangsläufig ein Zeichen für Kooperationsfähigkeit. Bei hohen Abstimmungsaufwänden sollten Teamentwickler skeptisch werden. Möglicherweise bremst eine ungünstige Aufteilung der Teamverantwortlichkeiten unnötig aus (»Wenn wir selbst Stellenanzeigen schalten dürften, wären wir viel schneller …«). Vielleicht fehlen Kompetenzen im eigenen Team (»Wenn wir jemanden hätten, der sich mit Arbeitsverträgen auskennt, müssten wir uns nicht ständig mit der Rechtsabteilung abstimmen …«). Es kann also angebracht sein, als Teamentwickler nach Möglichkeiten zu suchen, die Abstimmungsbedarfe zu anderen Teams (oder Abteilungen) zu reduzieren, um damit die Abhängigkeit des Teams von der umgebenden Organisation bewusst zu verringern.

Gleichwohl lassen sich Organisationen nicht so strukturieren, dass die einzelnen Organisationseinheiten völlig autonom agieren können. Organisationen verfolgen Zwecke, die nur durch die Koordination mehrerer Organisationseinheiten erreichbar sind. Die Aktivitäten verschiedener Teams und Abteilungen müssen aufeinander abgestimmt sein. Um das sicherzustellen, schaffen Organisationen *formale Strukturen.* Mit anderen Worten: Sie treffen Entscheidungen, die dauerhafte Auswirkungen auf das Geschehen in der Organisation haben (Kühl u. Muster 2016, S. 10):

- *Sie benennen Ziele und Strategien.* Beispiel: Die Strategie, in Zukunft maßgeschneiderte Einzelanfertigungen zu produzieren, wird sich sowohl aufs Marketing als auch auf den Vertrieb auswirken.
- *Sie geben den Teams und Abteilungen Regeln vor.* Beispiel: Alle Softwareentwicklungsteams entwickeln mit denselben Programmiersprachen, damit die verschiedenen Softwarebestandteile am Ende gut aneinandergefügt werden können.
- *Sie bestimmen Kommunikationswege.* Beispiel: Es werden Meetings zur team- oder abteilungsübergreifenden Abstimmung anberaumt oder einzelnen Rollen Koordinationsaufgaben zugewiesen.

Natürlich könnte jede Vorgabe einer Organisation im Einzelfall hinterfragt werden (Hilft sie der Organisation wirklich? Ist das notwendig? ...). Ein Zuviel an Vorgaben kann ein Team lähmen, und unpassende Regeln schaden am Ende mehr, als dass sie nützen. Mir geht es an dieser Stelle aber um einen anderen Punkt: Organisationen sind nicht einfach als Hülle für eine Vielzahl von unverbundenen Teams und Abteilungen zu betrachten. Als hierarchisch übergeordnete Ebene zeichnet sich die Organisation gerade durch die formalen Strukturen aus, die das Zusammenspiel der verschiedenen Organisationseinheiten maßgeblich beeinflussen. Eine *geschickte Gestaltung ihrer formalen Strukturen* ist entscheidend für den Erfolg einer Organisation und, wie sich im weiteren Verlauf des Buches an vielen Stellen zeigen wird, auch in hohem Maße bedeutend für die Arbeit im Team.

Teamentwickler sollten die formalen Strukturen der Organisation daher nicht grundsätzlich verteufeln, auch wenn sie die Autonomie des Teams einschränken. Das tun formale Strukturen nämlich: Ein Team, das mit Java programmieren muss, darf keine (vielleicht viel spannendere) andere Programmiersprache wählen. Und wer Entscheidungen immer mit anderen Organisationseinheiten abstimmen muss, ist in der eigenen Entscheidungshoheit eingeschränkt. Daher verwundert es nicht, dass Teams, die den Anspruch haben, möglichst eigenverantwortlich zu agieren, der umliegenden Organisation oft ablehnend gegenüberstehen. Das lässt sich nicht immer verhindern. Oft wirkt es aber mildernd, wenn Teams die Hintergründe und Funktionen organisationaler Vorgaben (Ziele, Regeln, Termine ...) verstehen.

Fazit

Die Organisation mit ihren vorgegebenen Regeln, Zielen und Kommunikationswegen (= formale Strukturen) sollte vom Teamentwickler, und bestenfalls auch vom Team, nicht als Feindin betrachtet werden. Sondern als notwendige und in Hinblick auf die Abstimmung des Gesamtunternehmens sinnvolle Umwelt des Teams. Am Ende geht es stets um beides: Autonomie auf der einen Seite ermöglicht den Teams, fokussiert und eigenverantwortlich zu handeln. Auf der anderen Seite braucht es immer autonomiebegrenzende Vorgaben der Organisation, um die verschiedene Organisationseinheiten auf die gemeinsamen Zwecke der Organisation ausrichten.

2 Die passende Haltung des Teamentwicklers

Teamentwickler begegnen den Teams, mit denen sie arbeiten, aus einer bestimmten Haltung heraus. Die Haltung setzt sich aus Einstellungen und Grundannahmen über Teams, Menschen und der eigenen Rolle als Teamentwickler zusammen und beeinflusst das eigene Handeln maßgeblich: Wer beispielsweise bis ins Knochenmark davon überzeugt ist, dass Teams alles, was sie für eine gute Lösung brauchen, bereits in sich tragen, wird fragend und reflexionsanregend agieren. Wer davon ausgeht, dass die Leistung des Teams maßgeblich von den Mindsets der Teammitglieder abhängt, wird seinen Job als Teamentwickler möglicherweise darin sehen, Werte zu vermitteln. Und wer Mitarbeiter (oder Menschen generell) für träge und veränderungsresistent hält, wird Widerständen vermutlich mit Nachdruck begegnen.

In diesem Kapitel reflektieren wir Fragestellungen, die sich, je nachdem wie man sie für sich beantwortet, in hohem Maße auf die eigene Arbeit als Teamentwickler auswirken. Wir klären, inwieweit die Teammitglieder selbst (Kap. 2.1) oder andere Teamaspekte (Kap. 2.2) zu verändern sind. Wir fragen uns, wie direktiv Teamentwickler auftreten sollten (Kap. 2.3), und reflektieren, inwieweit das Team selbst gemäß dem Credo »Hilfe zur Selbsthilfe« nach Lösungen suchen sollte (Kap. 2.4). Abschließend beschäftigen wir uns mit der Frage, ob Teamentwickler bei Konflikten auf der Seite des Teams, auf der Seite der Organisation oder zwischen beiden stehen (Kap. 2.5).

2.1 Ist es mein Job, die Teammitglieder beziehungsweise deren Mindset zu verändern?

Gedanken eines Teamentwicklers: Puh, wenn die Leute doch nur ein bisschen offener für Veränderungen wären! Wann immer jemand eine Idee äußert, folgen drei Einwände. Anstatt nach Lösungen zu suchen, wird nach Gründen gesucht, warum etwas nicht geht. Die Leute brauchen das richtige Mindset, heißt es oft. Und auch ich wünschte mir, dass mein Team nur aus motivierten, veränderungsbegrüßenden Teammitgliedern bestünde. Aber das ist nicht so. Ist es nun mein Job als Teamentwickler, den Teammitgliedern ein anderes Mindset beizubringen? Wie soll das gehen?

Aus Sicht der Organisation macht sich Teamentwicklung am Ende dadurch bemerkbar, dass Dinge anders *getan* werden als zuvor. Zum Beispiel durch neue Abläufe oder eine andere Aufgabenverteilung. Vielleicht kommt das Team auch dadurch, dass es andere Fragen diskutiert, zu besseren Entscheidungen. Das sind alles Veränderungen, die sich unmittelbar im Verhalten der Teammitglieder zeigen. Wenn ich ein vorgeschlagenes Vorgehen gedanklich kritisch hinterfrage, meinen Gedanken aber nicht ausspreche, bleibt er wirkungslos. Einmal auf den Punkt gebracht: Ganz egal, wie sehr sich die Gedanken, Einstellungen und Gefühle der Menschen in Unternehmen verändern – solange sich das nicht auf ihr Verhalten auswirkt, ändert sich für Organisationen nichts. Am Ende muss es also darum gehen, dass Dinge nicht nur anders gedacht oder anders gesehen, sondern auch anders *gemach*t werden. Für den Teamentwickler lautet die Frage also: Ist die Beeinflussung der Mindsets ein probates Mittel, um neue Verhaltensweisen im Team gezielt zu fördern?

Vorab: In der wissenschaftlichen Literatur wird auf den Begriff *Mindset* weitestgehend verzichtet. Daher ist keine einheitliche Definition des Begriffs aufzufinden. Ich erspare mir an dieser Stelle eine ausführliche Begriffsklärung. Unter Praktikern wird der Begriff Mindset für ein Konglomerat aus Einstellungen, Überzeugungen und Grundannahmen von Individuen verwendet.

Natürlich beeinflusst die Art und Weise, wie Menschen über Dinge denken und welche Annahmen sie haben, ihr Verhalten (Haddock u. Maio 1990, S. 218 ff.). Jemand, der umweltfreundlich eingestellt ist, nimmt seinen Müll nach dem Picknick im Park eher mit. Und wer möchte, dass die Menschen ihren Müll nicht einfach liegen lassen, könnte versuchen, ihnen Naturverbundenheit oder zumindest umweltfreundlichere Werte zu vermitteln, also ihr »Mindset« zu beeinflussen. Es ließe sich aber auch an anderen Stellschrauben drehen, um die Mitnahme des Mülls wahrscheinlicher zu machen. Zum Beispiel könnte man Mülleimer im Park aufstellen oder Strafen für schmutzig hinterlassene Plätze erheben.

Das Mindset ist nicht der einzige Faktor, der das Verhalten der Menschen beeinflusst. Es stellt sich also die Frage, inwieweit die Veränderung von Mindsets ein guter Ansatzpunkt ist oder ob Teamentwickler eher nach anderen Stellschrauben Ausschau halten sollten.

Lassen sich Mindsets verändern?

Wir alle haben erlebt, wie sich eigene Sichtweisen im Laufe unseres Lebens verändert haben. Mindsets sind also nicht für immer in Stein gemeißelt und wer sich als Teamentwickler experimentierfreudig und offen für Veränderungen zeigt, wird möglicherweise das ein oder andere Teammitglied positiv »anstecken«. Teamentwickler sollten also keinesfalls darauf verzichten, das Verhalten, das sie sich von ihren Teammitgliedern wünschen, vorzuleben. Wer zur rechten Zeit die richtige Frage stellt oder ein prägnantes Feedback gibt, kann Teammitglieder zum Nachdenken bringen und gegebenenfalls einen nachhaltigen Perspektivenwechsel anstoßen.

Manchmal haben einzelne Erfahrungen einen bleibenden Effekt auf die Teammitglieder. So kann ein erfolgreich ausgetragener Konflikt im Team zu einer erhöhten gegenseitigen Akzeptanz führen (Kap. 7.5). Man könnte auch sagen, ihr Mindset habe sich verändert.

Demnach können Teamentwickler mit dem eigenen Vorbildverhalten, ihren Fragen und Feedbacks oder zum Beispiel durch die Initiierung einer Konfliktklärung zu Mindsetveränderungen beitragen. Allerdings niemals deterministisch im Sinne von: Intervention A des Teamentwicklers führt zu folgendem Perspektivenwechsel bei Teammitglied X. Inwieweit sich Teammitglieder vom Vorbildverhalten des Teamentwicklers anstecken lassen oder sich die Interventionen (Fragen, Gedankenanstöße, Feedbacks …) des Teamentwicklers so auswirken wie erhofft, lässt sich nicht vorhersehen. Möglicherweise reagieren Teammitglieder völlig anders auf eine Intervention, und vielleicht bleibt eine Veränderung sogar komplett aus. Wer die Idee hat, ein Zielmindset für bestimmte Teammitglieder zu definieren und anschließend bewusst und zügig auf dieses hinzuarbeiten, wird enttäuscht werden.

Einstellungen weisen zwar eine gewisse Veränderlichkeit auf (Aronson, Wilson u. Akert 2014, S. 223), Menschen aber in ihren über Jahrzehnte gewachsenen Überzeugungen gezielt zu beeinflussen, ist eine Herkulesaufgabe. Etwas provokanter: Wieso sollte ich als Teamentwickler mal eben die Mindsets der Leute verändern können, wenn sich langjährig ausgebildete Psychotherapeuten teilweise die Zähne an den eingeschliffenen Einstellungen ihrer Klienten ausbeißen. Erschwerend kommt hinzu, dass die Teammitglieder, denen ein »falsches« Mindset attestiert wird, oft gar kein Bedarf zur Änderung ihres Mindsets sehen. Der mehr oder weniger explizite Vorwurf, nicht das richtige Mindset zu haben, wird (meines Erachtens zu Recht) als übergriffig empfunden und löst vermutlich eher Abwehr als Einsicht aus.

Fazit

Das Mindset wirkt sich auf das Verhalten der Teammitglieder aus und ist daher keinesfalls unwichtig. Für Teams macht es einen großen Unterschied, welche Teammitglieder mit ihren spezifischen Einstellungen, Überzeugungen und Haltungen (ihrem Mindset) Teil des Teams sind. Teamentwickler haben verschiedene Möglichkeiten, zu Perspektivenwechseln anzuregen und Mindsetveränderungen anzustoßen. Allerdings sollten diese Möglichkeiten in ihrer Wirkung nicht überschätzt werden. Da die Mindsets erwachsener Menschen nur schwer und vor allem nicht gezielt beeinflussbar sind, sollte der Hauptfokus von Teamentwicklern nicht auf der Veränderung von Mindsets liegen. Es gilt also, nach anderen Stellschrauben zu suchen.

2.2 Wenn ich die Menschen nicht verändern soll, was dann?

Gedanken eines Teamentwicklers: Über eine bessere Zusammenarbeit soll das Team leistungsfähiger werden. Falls sich über einen längeren Zeitraum im Team nichts verbessert, würden die Auftraggeber (und möglicherweise auch das Team selbst) meinen Einsatz infrage stellen. Nachdem das Mindset wohl nicht der richtige Stellhebel ist (Kap. 2.1), stellt sich die Frage, wo ich als Teamentwickler stattdessen ansetzen kann.

Weil die Frage außerordentlich wichtig ist, hole ich in diesem Kapitel etwas weiter aus. Der Kerngedanke besteht darin, weniger auf die einzelnen Teammitglieder und mehr auf die Regeln der Zusammenarbeit zu schauen.

Ein Spiel besteht aus den Spielregeln und nicht aus den Spielern

Für Organisationen gibt es viele Metaphern. Da ist beispielweise die Organisation als Maschine (Bardmann 1994, S. 282 ff.) mit klar strukturierten Abläufen und Input-Output-Beziehungen oder die Organisation als Organismus mit verschiedenen Organen und seiner

Anpassung an die Umwelt (Morgan u. Wacker 2008, S. 51 ff.). Wir betrachten im Folgenden den von einigen Systemtheoretikern gern genutzten Vergleich der Organisation mit einem Spiel (Simon 2007, S. 49). Hierbei steht nicht der »Spaßcharakter« im Vordergrund. Es geht um die Spielregeln.

Spiele sind durch ihre Spielregeln charakterisiert, nicht durch die Personen, die es spielen. Spieler sind austauschbar. Natürlich können Spiele nicht ohne Spieler gespielt werden, und es macht auch einen Unterschied, wer als Spieler am Spiel beteiligt ist. Aber das Verhalten der Spieler wird maßgeblich durch die Spielregeln bestimmt. Spiele ohne Spielregeln würden nicht funktionieren. Es gäbe Chaos. Auch in Organisationen gibt es unzählige Regeln, die die Handlungsspielräume ihrer Mitglieder bestimmen (morgens einstempeln; Prüfung eines Angebots per Vieraugenprinzip, bevor es zum Kunden geht; Nutzung des richtigen Formulars für Budgetanfragen; dienstags um 8 Uhr zur Gruppenrunde erscheinen; Verteilung von To-dos am Ende des Meetings …).

Solche Spielregeln in Organisation beeinflussen das Verhalten ihrer Mitglieder maßgeblich. Und selbst wenn man einzelne Organisationsmitglieder austauscht, bleiben die Spielregeln der Organisation meist relativ unverändert bestehen. Für den Großkonzern als Ganzes fällt es normalerweise kaum ins Gewicht, wenn ein Mitarbeiter aus einem der vielen Teams ausgetauscht wird. Für das einzelne Team sind personelle Veränderungen hingegen spürbar. Wird ein Kollege ersetzt, wirkt sich das merklich auf das Team aus. Trotzdem lässt sich die Spielmetapher nicht nur auf ganze Organisationen, sondern auch auf Teams anwenden:

Teams besitzen und entwickeln ebenfalls Regeln, die ihr Verhalten maßgeblich bestimmen. Während wir unsere Aufmerksamkeit intuitiv häufig auf die Teammitglieder legen, rückt die Spielmetapher die Regeln in den Vordergrund und die Spieler (Teammitglieder) in den Hintergrund. Das hat einen großen Vorteil: Die (Spiel-)Regeln sind oft viel leichter zu beeinflussen als die Teammitglieder (Spieler).

Verschiedene Teams bilden unterschiedliche Regeln aus

Unter einer Spielregel (im Folgenden nur noch Regel genannt) verstehe ich eine Erwartung an das Verhalten von Personen. Regeln können als Gebot (»Du sollst«) und als Verbot (»Du darfst nicht«) formuliert sein. Einige Verhaltenserwartungen gelten für alle Teammitglieder gleichermaßen (»Wer weiß, dass er zu spät kommen wird, kündigt das vorher an«). Dann spricht man auch von (sozialen) Normen. Es gibt aber auch Verhaltenserwartungen, die sich nur an einzelne Teammitglieder richten. (Das Team erwartet von Thomas, dass er die Zahlen wöchentlich ans Controlling liefert.) Hier spricht man auch von den *Rollenerwartungen* an ein Teammitglied.

Verschiedene Teams bilden untereinander häufig sehr unterschiedliche Regeln aus. Wenn wir nur mal auf die Art und Weise schauen, wie ein Team Meetings durchführt, finden sich Dutzende Möglichkeiten für unterschiedliche Teamregeln:

- Wie ausführlich muss die Termineinladung sein? Werden ein formuliertes Ziel und eine Agenda schon im Vorfeld erwartet oder reicht der Betreff »Austausch«?
- Gibt es Moderation? Ist klar, wer die Moderationshoheit besitzt? Oder übernimmt jeder gelegentlich spontan?
- Ist es okay, Dinge nebenher zu erledigen? Wann ist es okay? Auf dem Collegeblock? Am Notebook? Muss ich transparent machen, was ich mache, und begründen, warum es nicht bis später warten kann?
- Sind die Kameras in virtuellen Meetings an oder aus? Braucht es einen guten Grund, wenn sie jemand auslässt?
- Ist es okay (und normal), Leute direkt anzusprechen, wenn sie lange nichts gesagt haben? Oder gilt dies als übergriffig?
- Darf man Diskussionen, die nur für einen kleinen Teil der Gruppe relevant sind, unterbrechen? (»Könnt ihr das im Nachgang klären?«) Wird das sogar erwartet? Oder gilt es als Affront?
- Was gilt als guter Grund dafür, seine Teilnahme an einem Meeting abzusagen? Braucht es eine Vorladung zur Geschäftsführung oder reicht ein voller Schreibtisch? Muss eine Terminabsage begründet werden? Für welche Meetings gilt was?
- Werden Abwesende nach dem Meeting von den Teilnehmern informiert? Oder müssen sich die Abwesenden das Besprochene selbst aktiv abholen (Bring- oder Holschuld)?
- …

Selbst wenn verschiedene Teams in vergleichbaren Umfeldern und mit ähnlichen Aufgabenstellungen arbeiten, entwickeln Teams auf diese Fragen ganz unterschiedliche Antworten. Wir könnten unzählige weitere Beispiele aus anderen Bereichen betrachten. Nur einmal angerissen:

- *Entscheidungen:* Was wird im Konsens entschieden? Was per Abstimmung? Was kann jeder für sich entscheiden? Wann müssen alle dabei sein? Wann nicht? Wie bindend sind getroffene Entscheidungen? Darf man sich öffentlich von im Team getroffenen Entscheidungen distanzieren (»Ich hätte das nicht so entschieden …«)? …
- *Aufgabenverteilung:* Sucht man sich selbst eine neue Aufgabe, wenn man seine aktuelle abgeschlossen hat? Wird das gemeinsam besprochen? …
- *Umgang mit Abwesenheiten:* Informiere ich das ganze Team? Oder nur den Chef? Dürfen Kranke für wichtige Fälle privat kontaktiert werden, oder ist das ein No-Go? Was ist ein wichtiger Fall? …
- …

Wie Teamregeln entstehen

Teams können sich bewusst und explizit Regeln überlegen: Wird ein Regelungsbedarf erkannt (»Wenn ich mit der Aufgabe nicht anfangen darf, bis Peter zurück ist, weiß ich nicht, was ich bis dahin machen soll …«), liegt es nahe, sich zu gegebener Zeit zusammenzusetzen und über den Umgang mit derartigen Situationen nachzudenken. Stimmt das Team dann im Rahmen einer Diskussion eine gemeinsame Regel ab, ist diese bewusst und explizit entstanden.

Viele Regeln in Teams und Organisationen entstehen allerdings unbewusst und implizit. Betrachten wir einmal das folgende Beispiel:

Es ist 10:03 Uhr, und immer noch fehlt Jonas. Nachdem Teammitglieder in den letzten Tagen schon mehrmals deutlich zu spät zum Daily Stand-up erschienen und Nadine nun etwas genervt ist, legt sie los: »Es ist drei nach, ich fange an.« Am nächsten Tag schaut Kai auf die Uhr und sagt: »Es ist 10:02 Uhr, eine Minute warte ich noch.« Und als beim nächsten Mal jemand fehlt, wird wie selbstverständlich um Punkt 10:03 Uhr mit dem Daily Stand-up begonnen.

Eine Regel hat sich etabliert – ganz ohne Diskussion. Und meist auch ohne Absicht: Nadine hatte nicht im Kopf, eine Regel zu etablieren, und auch Kai hatte nicht im Sinn, auf eine Regel hinzuwirken. Kai hat sich lediglich daran erinnert, dass Nadine am Vortag nicht auf Gegenwehr stieß, als sie das Meeting einfach begann, ohne auf

Jonas zu warten. Jonas schien zwar überrascht, als er wenig später eintrudelte. (In der Vergangenheit wurde immer gewartet, bis alle da waren.) Gesagt hat er aber nichts. Auch von den übrigen Teammitgliedern hat niemand seine Irritation, falls vorhanden, ausgesprochen. Im Gegenteil, das Team schien über Nadines Initiative froh zu sein. Hätte sie nicht bis 10:03 Uhr, sondern nur bis 10:01 Uhr gewartet, wäre vielleicht eine noch strengere Regel entstanden. Es hätte auch passieren können, dass jemand sich über Nadines Hervorpreschen ärgert (»Die hat sich vorhin schon so aufgespielt, woher nimmt sie sich das Recht ...«) und ihr entgegnet: »Warte bitte noch kurz, bis Jonas da ist.« Vielleicht wäre es dann bei der Regel »Wir warten, bis alle da sind« geblieben. Viele Regeln entstehen unbewusst und implizit. Häufig stark durch Zufälle beeinflusst. Meistens lässt sich rückblickend nicht sagen, wie eine Regel entstanden ist. Oft sind sie einfach wie selbstverständlich da, als wären sie immer dagewesen.

Vor- und Nachteile von Regeln im Team

Regeln bilden sich in jedem Team aus und beeinflussen das Geschehen im Team maßgeblich. Beispiel: Seitdem das Team das Vieraugenprinzip eingeführt hat, hat sich die Fehlerquote mehr als halbiert und dadurch, dass im Daily inzwischen routinemäßig nach Unterstützungsbedarfen gefragt wird, lassen sich viele Probleme erheblich schneller lösen.

Ein genereller *Vorteil* von Teamregeln besteht darin, dass sie den Bedarf für viele Einzelfallentscheidungen reduzieren. Was einmal geregelt ist, muss nicht immer wieder neu entschieden werden. Hierzu zwei kurze Beispiele:

- Immer wieder musste das Team klären, wer die wöchentlichen Zahlen ans Controlling liefert. Nun hat sich Thomas dazu bereit erklärt.
- Es wurde immer wieder diskutiert, ob das Team das Daily zeitlich verschiebt, wenn jemand sonst nicht teilnehmen kann. Inzwischen gilt die Regel: Nur wenn mindestens drei Teammitglieder fehlen, wird nach einem neuen Zeitslot gesucht. Ansonsten wird das Daily wie gewohnt um 10 Uhr durchgeführt. Damit haben sich viele Termindiskussionen erledigt.

Es muss nicht mehr im Einzelfall geklärt werden, wer die Zahlen meldet oder ob das Daily aufgrund von Abwesenheit verschoben wird.

Auf diese Fragen gibt es nun voreingestellte Antworten, die allen bekannt sind.

Ein weiterer genereller Vorteil von Teamregeln besteht darin, dass sie einzelnen Teammitgliedern Sicherheit geben. Man weiß, was von einem erwartet wird und was man von seinen Teamkollegen erwarten kann. So wissen die Teammitglieder, dass sie keinen auf den Deckel bekommen, wenn sie das Daily um 10:03 Uhr beginnen, obwohl noch nicht alle da sind. Es ist auch klar, dass niemand von einem erwartet, die Zahlen ans Controlling zu liefern. Darum kümmert sich schließlich Thomas.

Regeln erleichtern die Zusammenarbeit enorm. Teams bilden bewusst und unbewusst vielfältige Regeln aus, die ihnen dabei helfen, ihren Alltag effizient miteinander zu gestalten. Möglicherweise bürgern sich aber auch *Regeln* ein, *die mehr schaden als nützen:*

- Thomas beantwortet die E-Mails, die ans Team gerichtet sind. Sobald er aber im Urlaub ist, verwahrlosen Anfragen unbeantwortet im Teampostfach. Zudem scheint Thomas diese implizite Erwartung an seine Rolle zu belasten.
- Es scheint okay zu sein, in bestimmten Meetings nebenbei am Laptop zu arbeiten. Regelmäßig müssen Aussagen aber wiederholt werden, weil jemand gerade abgelenkt war. Konzentriertes Arbeiten an einer gemeinsamen Sache ist oft nicht möglich. Hier wäre eine strengere Regel hilfreich: Nur in absoluten Notfällen darf jemand sein Laptop nebenbei offen haben.
- Das Team hat sich angewöhnt, nach jedem Meeting ein ausführliches Protokoll für die Abwesenden zu schreiben. Richtig hilfreich ist das aber nicht. Sie werden kaum gelesen und selbst wenn sie gelesen werden, bleibt doch vieles unklar.

Regeln im Team entstehen, ob man will oder nicht. Wer nicht darauf achtet, wie Regeln entstehen, wird nicht mitbekommen, wie sie sich langsam und sicher einschleifen. Regeln, die zur Normalität geworden sind, geraten aus dem Fokus. Die Regeleinhaltung wird zur Gewohnheit, und die Existenz der Regel wird nur spürbar, wenn gegen diese verstoßen wird. Daher werden einmal entstandene Regeln häufig lange unhinterfragt befolgt, auch wenn sie wenig hilfreich sind oder sogar schaden.

Was bedeutet das für Teamentwickler?

Teamregeln beeinflussen das Geschehen in Teams maßgeblich. Einige Regeln tragen zu einer hohen Teamleistung bei, während andere sich leistungsmindernd auswirken. *Teamentwickler sollten ein Auge auf Teamregeln richten. Sie sollten Regeln erkennen und deren Wirkung auf das Team abschätzen:* Hilft die Regel, oder schadet sie eher? Braucht es vielleicht eine andere Regel? Wer dann zu dem Schluss gelangt, dass eine Regel dysfunktional sei, kann das Team darauf ansprechen (»Mir ist aufgefallen, …«).

Teamentwickler sollten allerdings nicht davon ausgehen, selbst immer am besten einschätzen können, wie sich eine Regel im Team auswirkt. Daher ist es an vielen Stellen ratsam, eher hinterfragend zu agieren: »Ihr schreibt ja immer diese Protokolle nach den Meetings. Werden die eigentlich gelesen? Helfen sie euch?« Und natürlich sind Teamentwickler nicht die einzigen, die Regelungsbedarfe erkennen können und sollten. Auch die Teammitglieder bekommen mit, wenn es an einer Stelle hakt und die bisherigen Regeln nicht mehr passen. Impulse zum konkreten Vorgehen, neue Regeln zu finden und zu etablieren, finden sich in Kapitel 6.2. Im Gegensatz zum Mindset der Teammitglieder (Kap. 2.1) sind Regeln um ein Vielfaches leichter zu verändern. So kann ein Team beispielsweise einfach entscheiden, ein Vieraugenprinzip für bestimmte Aufgaben einzuführen. Mindsets für die Kollegen lassen sich dagegen nicht einfach beschließen.

Dennoch sollten Teamentwickler damit rechnen, dass sie Gegenwind erzeugen, wenn sie bestehende Regeln infrage stellen. Manche Regeln sind das Ergebnis schwieriger Verhandlungen in der Vergangenheit. Nehmen wir an, ein Team hat lange darum gerungen, wie Aufgaben im Team verteilt werden. Nach Wochen zäher und umkämpfter Diskussionen konnte es sich endlich auf ein Vorgehen einigen. Wer nun von außen hinzukommt und eine andere Vorgehensweise vorschlägt, wird dann nicht selten durch eine harsche Abwehrreaktion des Teams überrascht (»Lass uns das Fass bloß nicht wieder aufmachen!«).

Manchmal entsteht Gegenwind, weil Teamentwickler zu viel auf einmal hinterfragen. Wer signalisiert, dass man eigentlich alles anpacken müsste, wertet zum einen die bestehenden Regeln und damit die bisherige Leistung des Teams ab: Wer alles ändern soll, scheint bisher nicht viel richtig gemacht zu haben … Zum anderen befürchten Teams bei dem Signal, dass alles anders werden muss, lieb gewonnene Praktiken aufgeben zu müssen. Eine Abwehrhaltung, um Bewährtes zu schützen, ist dann nur allzu verständlich. In jedem Fall hilft es, genau hinzuhören, warum sich welche Regeln aus Teamsicht bewährt haben.

Fazit

Ein zentraler Fokus des Teamentwicklers sollte auf den Regeln des Teams liegen. Sie beeinflussen das Verhalten der Teammitglieder maßgeblich. Im Gegensatz zum Mindset der einzelnen Individuen lassen sich die gemeinsamen Teamregeln allerdings deutlich einfacher verändern. Eine Kernaufgabe eines Teamentwicklers besteht darin, Regelungsbedarfe zu erkennen und Reflexionsräume zu schaffen, um die Teamregeln gemeinsam mit dem Team zu hinterfragen und anzupassen.

2.3 Fördern und fordern: Wie direktiv darf und soll ich als Teamentwickler sein?

Gedanken eines Teamentwicklers: Ich soll das Team dabei begleiten, agiler zu werden. Der ein oder andere Manager klingt so, als sollte ich mit der Peitsche hinter den Leuten stehen. »Im Zweifel muss man den das halt mit Nachdruck eintrichtern«, heißt es. Aber ist das angemessen? Lust habe ich dazu nicht. Anderseits bin ich mir nicht sicher, ob das Team wirklich besser wird, wenn ich immer nur Impulse setze, Angebote mache und Reflexionsfragen stelle. Wie direktiv darf und sollte ich als Teamentwickler sein?

In diesem Punkt unterscheiden sich Teamentwickler stark voneinander. So gibt es Teamentwickler, die Impulse setzen, dabei aber eher nondirektiv agieren. Das Fördern steht klar im Vordergrund:

- »Ich würde euch gerne noch mal etwas zum Sinn und Zweck der Retrospektive erzählen. In Ordnung?«
- »Mir ist aufgefallen, dass bestimmte Arbeitspakete immer lange liegen bleiben. Sollten wir da mal genauer hinschauen?«
- »Ihr habt euch die letzten fünf Male überschätzt, also weniger geschafft als eingeplant. Wie bewertet ihr das? Ist das in unserem Kontext schlimm?«

- »Wo seht ihr Entwicklungspotenzial im Team? Wo drückt der Schuh? Woran würdet ihr erkennen, dass ihr einer Lösung näherkommt?«

Häufig liegt hier folgende Haltung zugrunde: *Das Team kann am besten einschätzen, welche Entwicklungsschritte und -maßnahmen sinnvoll sind. Wenn ich das Team in der Verantwortung lassen will, sollte ich ihm nichts aufzwingen.*

Auf der anderen Seite gibt es Teamentwickler, die deutlich direktiver agieren und Veränderungen vehement einfordern:

- »Ohne Review ist es kein Scrum. Wenn wir nach Scrum arbeiten wollen, dann machen wir es richtig!«
- »Solange die Spannung zwischen euch nicht geklärt ist, arbeiten wir nicht weiter. Ich stelle uns einen Termin für morgen ein.«
- »Unsere Prognosen sind zu schlecht. Wir müssen darauf schauen!«
- »Ich will, dass wir das Daily ab jetzt mit der Frage beginnen, wer in welchen teamübergreifenden Runden war und was es zu berichten gibt.«

Die Haltung ist hier: *Mein Job ist es, für Weiterentwicklung zu sorgen, und dafür muss ich Dinge einfordern. Als Experte bin ich in der Lage, passende Maßnahmen zu identifizieren.*

Ich kenne sowohl nondirektive als auch direktive Teamentwickler, die ihre Teams auf sehr unterschiedliche Art und Weise erfolgreich nach vorne bringen. Im Vorteil ist, wer beides kann. Die hohe Kunst ist es zu erkennen, wann man sich auf seine eigene Expertise beruft und wann man besser auf die Kompetenz des Teams vertraut und sich inhaltlich zurücknimmt. Die zentrale Frage lautet also: Wann braucht es was?

Manchmal ist ein *überzeugtes und direktives Auftreten* notwendig, um Teammitglieder dazu zu bewegen, sich einem unangenehmen Thema, zum Beispiel einem Konflikt im Team, zuzuwenden. (»Solange wir das nicht geklärt haben, können wir nicht weiterarbeiten.«) Ohne den entsprechenden Nachdruck des Teamentwicklers blieben Spannungen möglicherweise für lange Zeit ungeklärt bestehen.

Auch der Auftrag an sich kann für ein direktives Auftreten seitens des Teamentwicklers sprechen: Wer beispielsweise in einem

Team Scrum einführen will, sollte gelegentlich als Experte auftreten und die Einhaltung der neu zu erlernenden Praktiken ein Stück weit einfordern. Ansonsten bestünde die Gefahr, dass das Team Scrum nie ernsthaft ausprobiert. Wenn jede kleine Scrum-Praktik infrage gestellt und diskutiert wird, bevor die ersten handfesten Erfahrungen gesammelt wurden, wird es zäh. Anstatt also alle Teammitglieder von Scrum schon vor dessen Einführung überzeugen zu wollen, könnte man versuchen, das Team mit dem nötigen Nachdruck zum Handeln zu ermuntern. Man kann Scrum auch ausprobieren, ohne davon vollkommen überzeugt zu sein. Stellen sich die ersten Erfahrungen dann als wirksam heraus, sind diese am eigenen Leib erfahrenen Erlebnisse ohnehin viel überzeugender als die verbalen Bekehrungsversuche.

An anderen Stellen ist ein direktives Vorgehen kontraproduktiv. Augenscheinlich immer dort, wo die Expertise im Team liegt. Sehr viele Dinge können Teams selbst am besten einschätzen, und genau dann sollten sich Teamentwickler mit Direktiven zurückhalten. Im schlimmsten Fall übernimmt das Team die Forderungen des Teamentwicklers, obwohl es selbst viel passendere Lösungen gehabt hätte.

Teamentwickler befinden sich immer wieder in der Rolle eines inhaltlich neutralen Moderators oder Mediators. Auch hier gilt es, sich mit inhaltlichen Forderungen zurückzuhalten. Wer eine inhaltliche Meinung zugeschrieben bekommt (ob er sie tatsächlich hat oder nicht), hat es schwer mit der Moderationsrolle: »Du bist doch parteiisch. Ich weiß, wie du das siehst!«

Zudem müssen Teamentwickler ihre Anschlussfähigkeit ans Team sicherstellen. Wer mit Druck (»Ihr macht das jetzt so!«) lediglich Gegendruck erzeugt (»Wenn du so mit uns sprichst, machen wir hier mal gar nichts!«), verliert den Draht zum Team und damit seine Wirksamkeit. Wie fordernd ein Teamentwickler auftreten kann, hängt also auch von seiner Beziehung zum Team ab. Daher gilt es immer zu reflektieren, was man sich »erlauben« kann und was nicht.

Zwischen der Direktive »Ihr macht das jetzt so, wie ich das gesagt habe« und dem Vorschlag »Was haltet ihr davon …? (nondirektiv) gibt es natürlich eine ganze Reihe an Grautönen. Zum Beispiel: »Ich bin überzeugt davon, dass es sich lohnen wird. Bitte lasst euch da mal auf ein Experiment ein.« Oder: »Ich weiß, dass ihr nichts davon haltet, aber wärt ihr dennoch bereit, mir einen Vertrauensvorschuss zu geben und es einmal auszuprobieren?« Je nach Persönlichkeit und Hintergrund wird es einigen Teamentwicklern eher leichtfallen, sich zurückzunehmen, und anderen, etwas auch einmal mit Nachdruck einzufordern. Die ganze Klaviatur zu beherrschen ist ein hehres Ziel. So kann (und will) nicht jeder zum »Einpeitscher« werden. Bestenfalls finden Teamentwickler ihre individuelle Art, zwischen direktiven und nondirektiven Vorgehensweisen zu variieren.

Fazit

Die Antwort auf die Frage, wie direktiv man als Teamentwickler sein darf und sollte, lautet wie so oft: Es kommt darauf an. Und zwar auf den Auftrag, die konkrete Situation, die Beziehung zum Team und schlussendlich auch auf die eigenen Kompetenzen und Vorlieben.

2.4 Es heißt, die Lösung liege bereits im Team. Gilt das immer?

Gedanken eines Teamentwicklers: Es geht vor allem darum, die richtigen Fragen zu stellen, denn die Antworten liegen bereits im Team. »Hilfe zur Selbsthilfe« lautet das Credo. In vielen Fällen ist das für mich nachvollziehbar. Das Team weiß am besten um die Herausforderungen, mit denen es täglich zu kämpfen hat. Es weiß um die kleinen, aber relevanten Kontextfaktoren, die es berücksichtigen muss. Die Teammitglieder wissen um die gescheiterten Lösungsversuche der Vergangenheit, und sie wissen, welche Praktiken und Prozesse im Team gut funktionieren. Wer sollte also besser als das Team selbst einschätzen können, ob beispielsweise eine andere Arbeitsaufteilung zwischen den Teammitgliedern oder eine neue Agenda für das Planungsmeeting für das Team sinnvoll ist? Das relevante Wissen steckt bereits im Team, und meine Aufgabe als Teamentwickler ist es, dieses Wissen herauszukitzeln. Klingt gut. Aber kann ich mich darauf verlassen? Sollte ich als Teamentwickler immer der Einschätzung des Teams folgen?

Wenn die relevanten Gedanken, Einschätzungen und Ideen der Teammitglieder auf den Tisch gelangen, werden in vielen Fällen hervorragende Lösungen entstehen. Viel passendere Lösungen als von außenstehenden Personen je kommen könnten. Das gilt oft, aber nicht immer. Zwei Fälle sind hier zu unterscheiden:

- Die benötigte Expertise/das benötigte Wissen liegt nicht innerhalb des Teams.
- Das Team hat zwar eine für sich passende Lösung, die aber nicht den Interessen der übergeordneten Organisation entspricht.

Die benötigte Expertise/das benötigte Wissen liegt nicht innerhalb des Teams

Manchmal liegt für alle (auch für das Team) auf der Hand, dass die notwendige Expertise im Team nicht vorhanden ist. Wenn das Marketingteam mit einer juristischen Frage konfrontiert ist und fundierte Rechtskenntnisse erforderlich sind, wird kein Teamentwickler auf die Idee kommen, die richtige Lösung mit geschickten Fragen aus dem Team herauskitzeln zu wollen. Ein Jurist muss her. Ähnlich sieht es aus, wenn das Geschäftsführungsteam die Vision des Unternehmens vorgibt, an der sich auch das Team orientieren soll. Es ist Aufgabe der Geschäftsführer, das Marktumfeld im Blick zu behalten und daraus die langfristige Richtung für die eigene Organisation abzuleiten. Damit nehmen sie einen anderen Blickwinkel als das Team ein. Die Situation ist in beiden Beispielen eindeutig: Das notwendige Wissen liegt nicht innerhalb des Teams.

Schwieriger ist die Situation, wenn nicht ganz klar ist, ob das notwendige Wissen innerhalb des Teams verortet ist. So stellt sich beispielsweise die Frage, wie gut das Team selbst einschätzen kann, welche agilen Praktiken im Teamkontext sinnvoll anwendbar sind. Sollte die Agilitätsexpertin auf das Urteil des Teams vertrauen, oder sollte sie sich durchsetzen? (»Ihr habt es doch noch gar nicht ausprobiert!«)

Das Team kennt den eigenen Kontext besser, die Agilitätsexpertin weiß hingegen, was in anderen Teams gut funktioniert hat. Eine generelle Antwort auf die Frage, wessen Urteil stärker zu gewichten sei, gibt es nicht. Teamentwickler werden immer wieder neu entscheiden müssen, wann sie ihre eigene Meinung zurückstellen und wann sie ihre Expertise mit Nachdruck vertreten. So maße ich mir beispielsweise als erfahrener Mediator an, besser als das Team beurteilen zu können, welches Vorgehen zur Klärung eines eskalierten Konflikts geeignet ist. Diesen Kompetenzvorsprung schreibe ich mir aber nur für bestimmte, spezifische Themenbereiche zu. Meistens versuche ich, den Fähigkeiten und Erfahrungen der Teammitglieder mit Demut zu begegnen. Wieso sollte ich die Dinge besser einschätzen als alle Teammitglieder zusammen?

Das Team hat zwar eine passende Lösung. Die entspricht aber nicht den Interessen der Organisation

Manchmal besitzt ein Team eine für sich passende Lösung, die allerdings den Interessen der Organisation entgegensteht. Dann ist also nicht die vermeintlich mangelnde Expertise der Grund, weshalb die Lösung nicht ausschließlich innerhalb des Teams gesucht werden sollte, sondern ein potenzieller Interessenskonflikt zwischen Team und Organisation.

Dazu ein paar Beispiele:

- Der neue (hochbezahlte) Teamkollege wird im Team aufgrund seiner offenen und zugleich witzigen Art sehr geschätzt. Auch wenn seine Leistung unter den Erwartungen bleibt, will das Team ihn nicht im Stich lassen. Obwohl allen bewusst ist, dass der Markt mit hoher Wahrscheinlichkeit leistungsstärkere Kandidaten bereithält, kämen sie nicht auf die Idee, eine Kündigung herbeizuführen. Stattdessen teilen sie ihm besonders leichte Aufgaben zu.
- Das Team steht davor, mit der Entwicklung einer neuen Software zu beginnen, und damit auch vor der Wahl der Programmiersprache für das Projekt. Scala klingt wahnsinnig spannend, und auch für den eigenen Lebenslauf wäre es super, sich Scala-Kompetenzen anzueignen. Aus Unternehmenssicht ist das schwierig: Bisher wurde in keinem Konzernbereich mit Scala gearbeitet, und auf dem Arbeitsmarkt sind Scala-Entwickler äußerst rar. Wird die neue Software nun mit Scala entwickelt, macht sich das Unternehmen von den beteiligten Teammitgliedern sehr abhängig.
- Ein neues, teamübergreifendes Projekt steht vor der Tür. Die fünf Teams könnten hier Hand in Hand etwas Großes schaffen. Doch sie sind alles andere als begeistert. Gemeinsame Projekte mit anderen Teams bedeuten Abhängigkeiten, und die gilt es (aus Teamsicht) mit aller Kraft zu vermeiden. Auf die ständigen Absprachen mit den anderen Teams und das Warten auf deren Zulieferungen hat niemand Lust. Der Entscheidungsspielraum der einzelnen Teams wäre zudem deutlich kleiner. Daher plädieren die Teams dafür, auf das Projekt zu verzichten.

Glücklicherweise passen persönliche Interessen, Teaminteressen und Organisationsinteressen in vielen Fällen gut zusammen. Die Annahme, dass das immer so sei, ist aber gefährlich. Natürlich wollen die meisten Menschen zum Erfolg ihrer Organisation beitragen. Sie wollen aber auch nette Kollegen um sich haben, spannende Tätigkeiten erledigen, Karriere machen, neue Technologien kennenlernen, ihr Einkommen erhöhen und vieles mehr. Und manchmal stehen diese Interessen den Organisationsinteressen entgegen. Wie viel Gewicht welchen Interessen eingeräumt werden sollte, lässt sich nicht pauschal beantworten. Manchmal ist es aus Organisationssicht sinnvoll, den persönlichen Interessen der Teams bzw. der Teammitglieder Raum zu geben, und manchmal sollten Organisationen sich gegen die Interessen einzelner Teams durchsetzen.

Sollten Teamentwickler einen potenziellen Konflikt zwischen Team- und Organisationsinteressen entdecken, könnten sie das Team darauf ansprechen: »Ich befürchte hier einen Interessenskonflikt …« Möglicherweise stößt der Teamentwickler auf Verständnis, und das Team findet eine passendere Lösung. (»Okay, dann lasst uns nach einer anderen Programmiersprache suchen.«) Womöglich manövriert sich der Teamentwickler aber auch in eine schwierige Situation. Wenn das Team dem Einwand des Teamentwicklers mit Unterverständnis begegnet, steht der Teamentwickler zwischen den Stühlen. (Soll ich das jetzt so hinnehmen? Oder muss ich das Management einbinden?) Spricht der Teamentwickler nun mit dem Management, besteht die Gefahr, dem Team (zumindest aus dessen Sicht) in den Rücken zu fallen. (»Was hast du dem Management gesagt, dass die uns das jetzt verbieten?«) Ein oft geeigneter Mittelweg läge dann darin, ein Gespräch zwischen Team und Management zu initiieren und zu moderieren. (»Ich vermute hier gegenläufige Interessen und halte es für wichtig, dass ihr darüber sprecht …«) Inwieweit man als Teamentwickler auf der Seite des Teams oder des Managements steht, wird im Folgendem (Kap. 2.5) ausführlicher behandelt.

Fazit

Teams können oft am besten einschätzen, welche Lösungen und Maßnahmen für sie passen und welche nicht. Manchmal liegt die erforderliche Expertise aber auch außerhalb des Teams. Inwieweit das erforderliche Wissen im Team verortet ist oder nicht, ist nicht immer eindeutig. Die Kunst der Teamentwicklung liegt darin, gut abzuschätzen, wann Teamentwickler ihre eigene Meinung zurückstellen, um auf die kollektive Intelligenz des Teams zu vertrauen, und wann sie ihre Expertise mit Nachdruck vertreten. Vermeintlich mangelnde Expertise ist aber nur ein Grund dafür, die passende Lösung nicht ausschließlich im Team zu suchen. Teamentwickler sollten mitreflektieren, wo die Interessen der Organisation mit denen des Teams im Konflikt stehen könnten.

2.5 Stehe ich auf der Seite des Teams oder auf der Seite der Organisation?

Gedanken eines Teamentwicklers: Das Management will, dass das Team einen Aufgabenbereich übernimmt, der bisher nicht in dessen Verantwortung lag. Aber das Team ist im Widerstand: »Wir haben dafür überhaupt nicht die Kompetenzen im Team!« Heimlich glaube ich, dass das Team da mit der Zeit schon reinkäme. Gleichzeitig kann ich sie aber verstehen: Es ist ja nicht so, dass sie noch nicht genug zu tun hätten. Was jetzt der bessere Weg ist, lässt sich nicht »objektiv« feststellen. Und dennoch muss ich mich irgendwie positionieren. Die Teammitglieder erwarten von mir, dass ich ihre Interessen vertrete. Das Management will, dass ich das Team »zur Vernunft bringe«. Ich stehe dazwischen. Wie gehe ich mit der Situation um? Auf wessen Seite stehe ich? Oder bleibe ich dazwischen?

Es wird immer wieder die Situation geben, dass die Interessen des Teams und die Interessen der Organisation miteinander im Konflikt stehen. Ein wiederkehrender Drahtseilakt für Teamentwickler, denn eine einfache Antwort gibt es nicht in dem Sinne: »Teamentwickler sollten immer die Interessen des Teams bzw. der übergeordneten Organisation vertreten.« Gerade dauerhafte Teamentwickler (z. B.: Scrum Master oder Teamleiter) befinden sich häufig in einer Sandwichposition, mit der es umzugehen gilt. Das ist Teil des Jobprofils.

Teamentwickler werden zu vielen Themen, die das Team betreffen, eine eigene Meinung haben, die manchmal eher den Team- und manchmal mehr den Organisationsinteressen entspricht. In vielen Fällen ist es durchaus in Ordnung, die eigene Meinung einfach zu vertreten. Das entspricht auch am besten dem Ideal des aufgeschlossenen und authentischen Teamentwicklers. Dabei sollte aber ein Punkt beachtet werden: *Teamentwickler dürfen weder den Anschluss zum Team noch zu den Auftraggebern der Organisation verlieren:*

Wer sich zu stark gegen die Teammeinung positioniert, gefährdet das Vertrauen des Teams, und das wiederum ist notwendig, um die Rolle als Teamentwickler im Team ausüben zu können. Wenn das Team den Teamentwickler als Gegner betrachtet, es stets damit rechnet, dass geteilte Informationen gegen es verwendet werden oder dem Teamentwickler eine heimliche Agenda unterstellt, ist eine konstruktive Zusammenarbeit nicht möglich.

Gleichzeitig gilt aber auch: Wer sich zu stark gegen die Vertreter der Organisationsinteressen (häufig Manager) richtet, setzt seine Position aufs Spiel. (»Den können wir mit seiner Sicht doch nicht als Teamentwickler dort einsetzen.«) Wie vehement jemand also seine Meinung vertritt, sollte auch von der Beziehung zum jeweiligen Gegenüber abhängen. Auf Grundlage einer breiten Vertrauensbasis lassen sich schon mal deutlichere Worte aussprechen.

Anstatt sich inhaltlich auf eine Seite zu schlagen, können Teamentwickler die *Rolle des Vermittlers* übernehmen, indem sie einen Verständigungsprozess über die verschiedenen Sichtweisen und die Gründe für die gegenläufigen Positionen anregen. Manchmal führen dann neue Einsichten (»Ach, deswegen ist euch das so wichtig…«) zu erhöhter Akzeptanz, und in vielen Fällen entstehen ganz neue Lösungen. Die Vermittlerrolle reduziert ein Stück weit das Risiko, es sich mit einer Seite zu verscherzen.

Erfolgreich vermitteln kann allerdings nur, wer ausreichend neutral ist (und diese Neutralität von den Parteien auch zugeschrieben bekommt). Wer das Management als übergriffig erlebt oder das Team als unbelehrbar und veränderungsresistent betrachtet, wird es schwer haben zu vermitteln. Wenn es gelingt, beiden Seiten offen zu begegnen, können Teamentwickler einen konstruktiven Dialog zwischen den Beteiligten fördern.

Offenheit gegenüber dem Team

Wenn Organisationen (oder Teamentwickler) etwas gegen den Willen eines Teams durchsetzen wollen und das Team sich dagegen wehrt, wird häufig davon gesprochen, dieses sei im Widerstand. Auch als Teamentwickler erlebt man sein Team hin und wieder als widerwillig. Dem Team dann zuzuschreiben, im »Widerstand« zu sein, ist aber keine gute Idee.

Der Begriff *Widerstand* ist im beruflichen Kontext sehr negativ konnotiert. Er klingt nach bockigen Schülern, die zur Ordnung gerufen werden müssen. Die Bewertung derer, die als »im Widerstand« bezeichnet werden, ist negativ. Wer Widerstand unterstellt, glaubt nicht an gute Argumente der anderen Position. Stattdessen attestiert er Sturheit oder mangelnde Veränderungsbereitschaft. Wer meint, mit Widerständen umgehen zu müssen, denkt auch: »Ich kenne den richtigen Weg, und die anderen sperren sich.« Und das zu denken ist gefährlich. Schließlich könnte man selbst falsch liegen oder etwas übersehen.

Genauso wie ich selbst gute Gründe für meine Position sehe, wenn ich mich stark für oder gegen etwas einsetze, werden die Teammitglieder gute Gründe für ihre Position haben, wenn sie mit Inbrunst für ihre Position kämpfen. Genau diese Gründe gilt es zu verstehen. Oft verstecken sich hier hochrelevante Aspekte, die man bislang nicht auf dem Schirm hatte. Wer Widerstand, Abwehr oder Gegenwind wahrnimmt, sollte also nachfragen und genau hinhören. Dann wird aus »Die sind im Widerstand« meist etwas wie »Das Team befürchtet, dass XY nicht funktionieren wird, weil …« oder »Bei dem Aspekt bestehen unterschiedliche Meinungen, und zwar …« Und wenn die Befürchtungen bzw. die unterschiedlichen Sichtweisen dann gemeinsam diskutiert werden, entstehen aus dem ursprünglichen »Widerstand« häufig wertvolle Einsichten.

Offenheit gegenüber dem Management

Möglicherweise erlebt man Vertreter der Organisation selbst als übergriffig und verspürt den Impuls, sie in die Schranken zu weisen. Sicherlich gäbe es dafür oft auch gute Gründe. Teamentwickler sollten aber grundsätzlich anerkennen, dass eine zentrale Aufgabe der Organisation darin besteht, formale Strukturen zu schaffen, die die Autonomie der Teams begrenzen (Kap. 1.3). Der Umstand, dass Teaminteressen immer wieder auch von den Organisationsinteressen abweichen (Kap. 2.4), ist nicht zu verhindern. Mit formalen Vorgaben schützen Organisationen übergreifende Interessen. So könnte die Organisation den Teams beispielsweise vorschreiben, Software mit einer bestimmten Programmiersprache zu entwickeln. Möglicherweise wären andere Programmiersprachen aus Teamsicht für das geplante Vorhaben passender, allerdings würde die Wahl einer exotischen Programmiersprache eine fürs Unternehmen gefährliche Abhängigkeit von den Entwicklern erzeugen. (»Auf dem Arbeitsmarkt würden wir niemanden finden, der Scala programmieren kann, deswegen nutzt ihr bitte auch Java.«) Manche Entscheidungen, die aus Organisationssicht sinnvoll wären, kämen im Konsens mit dem Team kaum zustande. So würden eingeschworene Teams einer Teamauflösung kaum zustimmen, auch wenn es für diese aus Organisationssicht gute Gründe gäbe. Um unpopuläre Entscheidungen dennoch zu ermöglichen, braucht es hin- und wieder ein Machtwort aus der Hierarchie.

Fazit

Teamentwickler können sich nicht dauerhaft und grundsätzlich auf die Seite des Teams oder auf die Seite des Managements stellen. Sie benötigen ein intaktes Verhältnis zu beiden Seiten. Daher gilt es im Einzelfall abzuwägen, inwieweit sie ihre eigene Position vertreten, die mal mehr den Team- und mal mehr den Organisationsinteressen entspricht. Alternativ können sie, wenn sie beiden Seiten offen genug gegenüberstehen, auch die Rolle eines Vermittlers übernehmen.

3 Die Anfangsphase einer Teamentwicklung: Anschluss finden und Weichen stellen

Selbst erfahrene Teamentwickler verspüren eine gewisse Aufregung, wenn sie auf ein neues Team treffen: Wie sind die Teammitglieder? Werden sie mich in meiner Rolle akzeptieren? Gelingt es uns, in einen produktiven Zusammenarbeitsmodus zu kommen? Der Anfang bestimmt die weitere Arbeit mit dem Team maßgeblich. In den ersten beiden Unterkapiteln, die sich mit dem ersten und zweiten Eindruck des Teamentwicklers (Kap. 3.1) und dem Stellen der Weichen in der Anfangsphase (Kap. 3.2) befassen, wird deutlich, warum der Start so wichtig ist. Danach geht es um die Frage, inwieweit es nach einem schlechten Beginn mit dem Team bereits zu spät ist (Kap. 3.3). Abschließend betrachten wir eines der am meisten gefürchteten Szenarien für Teamentwickler: Was tun, wenn sich das neue Team gar nicht entwickeln will (Kap. 3.4)?

3.1 Worauf sollte ich für einen guten ersten Eindruck beim Team unbedingt achten?

Gedanken eines Teamentwicklers: Für den ersten Eindruck gibt es keine zweite Chance. So heißt es zumindest. Aber stimmt das wirklich? Gilt das auch für mich, wenn ich auf das neue Team treffe? Natürlich will ich gut ans Team anschließen. Werden die Teammitglieder mich akzeptieren? Schreiben sie mir die notwendige Expertise zu? Werde ich ernst genommen? Wenn ich als Teamentwickler einen guten Job im Team machen will, brauche ich ein gutes Standing. Kann ich das bewusst beeinflussen? Wenn ja, wie?

Die ersten Tage und Wochen mit dem Team sind entscheidend. Das Team bildet sich einen ersten (und zweiten) Eindruck vom Teamentwickler, und dieses Bild bestimmt, wie viel Gewicht sein Wort erhält. Wenn das Team dem neuen Teamentwickler nicht die erforderliche Kompetenz, Glaubwürdigkeit oder Integrität zuschreibt, gestaltet sich die Zusammenarbeit schwierig. Im schlimmsten Fall verpuffen Interventionen, da sie von vornherein als unqualifiziert abgetan werden oder Gegenwehr hervorrufen, weil das Team den Teamentwickler als Informanten des Managements ansieht. Wer zu Beginn einen schlechten Eindruck von sich vermittelt, landet möglicherweise in der falschen Schublade, und wer erst einmal in einer Schublade steckt, hat es schwer, dort wieder herauszukommen. Eines vorweggenommen: Einmal entstandene Eindrücke lassen sich zumindest ein Stück weit revidieren (mehr dazu in Kap. 3.3). Wer aber direkt einen guten Eindruck hinterlässt, hat es in Zukunft deutlich einfacher. Daher sollten Teamentwickler gerade in der Anfangsphase besonders darauf achten, welches Bild sie von sich vermitteln.

Schon bevor ein Teamentwickler auf das Team trifft, fantasiert das Team darüber, wer da kommt. Diese Vorstellungen sind manchmal noch sehr vage, manchmal aber auch schon recht konkret. (»Der Maik zu uns? Ich war mal auf einem Seminar bei dem. Das ist ein zäher Typ. Aber immerhin kennt der unser Umfeld gut …«) Wer als angestellter Scrum Master innerhalb seines Unternehmens das Team wechselt, kann davon ausgehen, dass ihm ein Ruf vorauseilt. Ob ein neuer Teamentwickler eher Vorfreude, Angst oder Widerstand auslöst, hängt stark von der aktuellen Situation des Teams und den vergangenen Erfahrungen mit anderen Teamentwicklern ab. So hat beispielsweise *Scrum Master Maik* den Ruf, ein echter Wadenbeißer zu sein. Ihm wird nachgesagt, sich mit einer klaren Meinung auch in schwierigen Situationen durchzusetzen.

Team A hat immer wieder mit (aus ihrer Sicht) übergriffigen Managern zu kämpfen, die unangemessen ins Team hineinregieren. Sie freuen sich auf Maik in der Hoffnung, dass er die Führungsriege in die Schranken weist und das Team somit endlich in Ruhe und selbstgesteuert arbeiten kann.

Team B hingegen befürchtet Unruhe durch Maik. (»Nachdem wir im Team im letzten Jahr echt viele Unstimmigkeiten miteinander ausgehandelt haben, sind wir endlich auf einem gemeinsamen Nenner. Hoffentlich will der hier jetzt nicht wieder alles umkrempeln«). Team B hätte viel lieber Udo, der als Feelgood-Papi bekannt ist. Er hat immer ein offenes Ohr und bringt regelmäßig Kuchen mit. Vor allem hält er seinen Teams den Rücken vom administrativen Kleinkram frei. Er kümmert sich um Softwareberechtigungen für neue Teammitglieder und die Pflege der Urlaubsliste. Wie viel er als Scrum Master zur Weiterentwicklung des Teams beitragen wird, ist ungewiss. Aber wozu auch, wenn es rundläuft!? So zumindest die Sicht des Teams.

Team C hingegen will Udo auf keinen Fall: »Wir haben hier ernsthafte Probleme, die wir allein nicht gelöst bekommen. So einen Harmonie-Scrum-Master hatten wir schon, und der hat uns keinen Millimeter vorangebracht.«

Wir alle sind in der Lage, uns ein Stück weit bewusst darzustellen und tun dies auch täglich, um den Eindruck, den andere von uns gewinnen, zu beeinflussen. Oder um es in den Worten des Soziologen Erving Goffman (2003) zu sagen: »Wir alle spielen Theater.« Diese Fähigkeit sollten wir gerade in der Anfangsphase nutzen, um nicht in der falschen Schublade zu landen. Ich empfehle keinesfalls zu lügen. Aber ich empfehle, in der Zeit des ersten und zweiten Eindrucks gut darauf achten, welchen Eindruck man von sich vermittelt.

Dabei hilft es, besonderes Augenmerk auf die Befürchtungen des Teams zu richten: Wer die kritischen Bedenken des Teams außer Acht lässt, riskiert, sich früh ins Abseits zu manövrieren. Wenn ein Team schlechte Erfahrungen mit »Methodenreitern« gemacht hat, sollte man keine Predigt über die richtige Anwendung von Scrum-Praktiken halten. Zumindest nicht in der sensiblen Anfangsphase. Wenn ein Team bei einem psychologisch ausgebildeten Teamentwickler unangenehme Seelenstripteases befürchtet, hilft es, dem offen zu begegnen: »Falls jemand Bedenken bezüglich meines psychologischen Hintergrundes hat, kann ich das verstehen. Einige Methoden aus der Psychologie sind wirklich gewöhnungsbedürftig und im Arbeitsumfeld nicht angemessen. Ich glaube nicht, dass das ein Problem wird. Falls ihr doch einmal das Gefühl habt, dass da was in die falsche Richtung geht, bitte ich euch, mir ein Zeichen zu geben. Ist das in Ordnung?«

Um mit den Befürchtungen des Teams aktiv umzugehen, muss man sie kennen. Hierfür ist es das Naheliegendste, frühzeitig beim Team nachzufragen: »Ich kann mir vorstellen, dass ihr durchaus gemischte Gefühle habt, dass ich da jetzt von außen komme und mit euch Teamentwicklung machen soll. Oder wie ist das für euch? Welche Befürchtungen habt ihr?« Manchmal hilft auch eine humorvoll gestellte paradoxe Frage, um an eine ehrliche Antwort zu gelangen: »Was müsste ich machen, um euch so richtig auf die Nerven zu gehen?« Wer schon weiß, welche Befürchtungen er typischerweise hervorruft, kann gezielter nachfragen: »Wie ihr vielleicht wisst, bin ich Psychologe. Einige Teams befürchten … Geht euch das ähnlich?« Es ist also von Vorteil zu wissen, welcher Ruf einem vorauseilt und welche Eigenschaften einem in der Regel zugeschrieben werden. Zudem kann der Auftraggeber bereits im Vorfeld im Rahmen der Auftragsklärung nach den Befürchtungen des Teams gefragt werden: »Was vermuten Sie, wie fände das Team das, wenn ich komme? Welche Erfahrungen hat das Team bisher mit Teamentwicklung.«

Die Ankündigung eines neuen Teamentwicklers kann Befürchtungen wecken, die gar nicht mit dem spezifischen Teamentwickler selbst zusammenhängen. Allein die Tatsache, dass ein neuer Teamentwickler dazustößt, ruft bestimmte Bedenken hervor. Im Folgenden gehe ich auf *drei typische Befürchtungen* ein, mit denen Teamentwickler rechnen sollten, und zeige auf, wie sich ihnen proaktiv begegnen lässt:

- »Hoffentlich will der nicht verändern, was gut ist.«
- »Hoffentlich versteht der, dass wir noch andere Sachen zu tun haben.«
- »Hoffentlich kann der auch mit den schwierigen Themen umgehen.«

»Hoffentlich will der nicht verändern, was gut ist«

Wie es die Bezeichnung schon sagt, wird ein Teamentwickler für die Entwicklung eines Teams bezahlt. Stillstand scheint keine Option zu sein. Je stärker der neue Teamentwickler explizit oder auch nur zwischen den Zeilen signalisiert, »Jetzt muss alles anders werden«, desto eher wird das Team in Habachtstellung gehen. (»Wir müssen beschützen, was gut funktioniert …«) Gründe dafür, potenziellen Veränderungen kritisch zu begegnen, gibt es viele. Inwieweit die Einwände stichhaltig sind, ist hier erst mal nachrangig. Ganz unabhängig davon, wie überzeugt man als Teamentwickler von seinen Ideen ist, besteht meine Empfehlung in der Anfangsphase vor allem darin, gut zuzuhören. Zwischen den Zeilen würde ich versuchen, immer zu signalisieren: »Mir ist bewusst, dass ich von außen komme. Jede Veränderung muss in den Kontext passen. Deswegen ist es umso wichtiger für mich, euren Kontext gut zu verstehen. Ich habe keinerlei Interesse daran, hier Dinge einzuführen, die keinen Sinn machen.« Je deutlicher das beim Team ankommt, desto gelassener kann es sich neue Ideen anhören. Ganz ohne Gefahr, auf eine Idee festgenagelt zu werden.

Wer früh mit einem Schwung an Optimierungsideen kommt, beißt damit gerade in der Anfangsphase schnell auf Granit. Zukunftsgerichtete Ideen kommen oft einer *Entwertung des Bisherigen* gleich. Der Satz »Wir können A, B und C besser machen, und bei D sehe ich auch noch viel Potenzial« klingt schnell wie: »Was ihr in der Vergangenheit gemacht habt, war bisher nichts.« Wer also euphorisch eine bessere Welt verkündet, sollte sich nicht über Ungläubige wundern. Hier hilft es, neue Ideen dosiert zu äußern und *das bisher Erreichte zu würdigen.* Zum Beispiel auch mit dem Blick auf folgende Frage: »Worauf könnt ihr stolz sein?« Oder: »Was ist gut und soll auf jeden Fall erhalten bleiben?«

»Hoffentlich versteht der, dass wir noch andere Sachen zu tun haben«

Ob nun Einzelgespräche geführt werden, um Probleme zu identifizieren, ob in Workshops Verbesserungsmaßnahmen erarbeitet werden oder Feedbackübungen stattfinden – all das kostet Zeit. Wie man es auch dreht und wendet, Teamentwicklung braucht Reflexions- und Diskussionsräume, und die konkurrieren mit dem Berg an Arbeit, der sich ohnehin auf den Schreibtischen türmt. Die Arbeitslast vieler Teams ist hoch und wenn dann ein Teamentwickler vor der Tür steht, werden regelmäßig Befürchtungen und Widerstände geweckt: »Eigentlich haben wir keine Zeit dafür, uns jetzt mit uns selbst zu beschäftigen.« Gerade wenn kein akutes Teamentwicklungsproblem liegt, heißt es: »Es läuft doch gut bei uns. Wozu jetzt Teamentwicklung?«

Vor dieser Herausforderung steht der interne Scrum Master, der das Team über einen langen Zeitraum begleiten soll, deutlich häufiger als der externe, meist anlassbezogen hinzugezogene (temporäre) Teamentwickler. Viele Teams haben Teamentwickler erlebt, die sie nicht vorangebracht haben. (»Da haben wir uns die Köpfe heißgeredet, und am Ende ist doch alles beim Alten geblieben ...«) Die Befürchtung ist also nicht ganz unberechtigt. Wenn Teamentwickler für bestimmte Themen stehen, ist oft die Sorge im Raum, alte Diskussionen wieder auf den Tisch zu holen. (»Hoffentlich müssen wir dem neuen Scrum Master nicht auch wieder erklären, wieso zweiwöchige Sprints in unserem Kontext keinen Sinn machen ...«)

Wie lässt sich dieser Befürchtung begegnen? Fakt ist: Ohne mit dem Team Zeit zu investieren, kann keine Teamentwicklung stattfinden. Grundlage für Teamentwicklung ist ausreichend Zeit für die Arbeit am Team. Wie sich ein geeigneter Rahmen dafür schaffen lässt, behandle ich in Kapitel 3.2. Der *Angst vor Zeitverschwendung* begegnet man am besten, indem man glaubhaft verdeutlicht, im selben Boot zu sitzen: »Natürlich muss sich der Zeitaufwand lohnen. Am Ende geht es darum, als Team schneller zu werden (oder: bessere Produkte zu entwickeln; weniger Zeit mit Reibungspunkten zu verlieren; …). Gebt mir also unbedingt Bescheid, wenn ihr das Gefühl habt, wir verschwenden irgendwo Zeit. Geht da bitte mit in die Verantwortung.« Damit es nicht nur bei einem Lippenbekenntnis bleibt, empfiehlt es sich, gerade *in der Anfangsphase immer wieder und sehr ausdrücklich nach Feedback zu fragen:* »Haben wir die Zeit heute gut genutzt? Was wollen wir beim nächsten Mal anders machen, damit sich der Zeiteinsatz noch mehr lohnt?« Oft kommen hier hilfreiche Ideen, noch besser mit der verfügbaren Zeit umzugehen. Werden diese dann bei den nächsten Workshops berücksichtigt, schwindet nach und nach die Angst vor Zeitverschwendung.

»Hoffentlich kann der auch mit den schwierigen Themen umgehen«

Da gibt es den Kollegen, der eifrig die Kundenpräsentationen übernimmt, es aber eigentlich nicht kann. Niemand traut sich, ihn darauf anzusprechen. Gegen die Kollegin, die sich immer die spannendsten Arbeitspakete schnappt, sagt auch keiner was. Und der nervtötende Konkurrenzkampf zwischen den Jungen und den Alten muss auch endlich ein Ende finden. Aber wie? Dass Teammitglieder diese Themen bisher nicht geklärt haben, hat einen Grund. Sie fürchten die Konsequenzen einer Konfrontation. Jemand könnte sich eingeschnappt zurückziehen, oder ein Konflikt bricht aus und fliegt dem Team unkontrolliert um die Ohren. Durch die Nichtansprache bleibt das Team zumindest einigermaßen arbeitsfähig. Gut fühlt sich das aber auch nicht an.

Eine Hoffnung an neue Teamentwickler liegt darin, solche schwierigen Situationen im Team aufzudecken und zu lösen. Gerade in der Anfangsphase wird man vom Team in schwierigen Situationen genaustens unter die Lupe genommen. Bei der kleinsten Spannung im Raum schaut das Team zum Teamentwickler und achtet gebannt auf dessen Reaktion: Ist er in der Lage, mit der Situation umzugehen? Oder lässt er sich ebenfalls von der schwierigen Kollegin einschüchtern? Tut er wie wir, als würde er die vom ausschweifenden Kollegen genervten Kunden nicht bemerken? Thematisiert er kritische Dinge?

Wenn der Teamentwickler die Themen selbstsicher anspricht und gemeinsam mit dem Team klärt, kann schnell viel Vertrauen in den neuen Teamentwickler entstehen. Ich empfehle, gerade in der Anfangsphase sehr sensibel für die zwischenmenschlich schwierigen Themen zu sein und mit aller Sorgfalt an ihnen zu arbeiten. Ein neuer Teamentwickler hat in diesen kritischen Situationen die Chance, schnell an Standing im Team zu gewinnen.

Fazit

Die Anfangsphase hat einen entscheidenden Einfluss darauf, wie sich der neue Teamentwickler in das Team einfügt und welches Gewicht seinen Worten in Zukunft beigemessen wird. Wer es schafft, einen positiven ersten und zweiten Eindruck zu hinterlassen, wird es künftig deutlich leichter haben. Die Resonanz, die ein Teamentwickler im Team hervorruft, ist maßgeblich von der aktuellen Situation und den bisherigen Erfahrungen mit anderen Teamentwicklern geprägt. Insbesondere zu Beginn sollten Teamentwickler besonderes Augenmerk auf die Vorbehalte und Befürchtungen des Teams richten, um sorgsam und aktiv mit ihnen umzugehen.

3.2 Wie stelle ich in der Anfangsphase die richtigen Weichen für die Arbeit am Team?

Gedanken eines Teamentwicklers: Mein Team lässt regelmäßig unsere Teamentwicklungsworkshops/Retrospektiven ausfallen. Es ist wohl wieder was Wichtiges dazwischengekommen. Aber sind unsere Teamentwicklungsworkshops weniger wichtig? Und warum entscheiden die das eigentlich ohne Rücksprache mit mir? Naja, bisher habe ich ja auch nie was gesagt. Wenn ich jetzt auf einmal aufschreie, würden die sich fragen, was in mich gefahren ist ... Hätte ich vielleicht von Anfang an strenger sein sollen?

Neben dem starken Gewicht des ersten und zweiten Eindrucks gibt es einen weiteren Grund für die hohe Bedeutung der Anfangsphase: Die Weichen werden gestellt. *Teamregeln* (Kap. 2.2) bilden sich aus, ob man es will oder nicht. Das gilt auch für Fragen, die die Arbeit des Teamentwicklers maßgeblich beeinflussen: Darf das Team Retrospektiven absagen, wenn es aus ihrer Sicht nichts Wichtiges zu besprechen gibt? Wie viel Zeit für die Reflexion der Arbeit findet das Team in Ordnung, und was gilt als zu viel? Braucht es dafür einen besonderen Anlass? Ist es okay, regelmäßig Einzelgespräche mit allen zu führen?

In verschiedenen Teams bilden sich unterschiedliche Teamregeln als Antworten auf die genannten Fragen aus. Es gibt Teams, die wie selbstverständlich im Zweiwochentakt einen halben Tag spendieren, um die gemeinsame Arbeit zu reflektieren, und andere Teams, die dazu nur in einer ernsthaften Krise bereit sind. In einem Team führt der Scrum Master routinemäßig Einzelgespräche mit allen Teammitgliedern, um nach aktuellen Herausforderungen und Optimierungspotenzialen zu fragen. Im anderen Team löst jedes Einzelgespräch Unruhe aus. (»Wieso macht der das? Spricht der nur mit mir? Hat der nichts Besseres zu tun?«)

Wer anfangs nicht aufpasst, riskiert irgendwann, von problematischen Normen und Rollenerwartungen (= Teamregeln) umgeben zu sein, die die Arbeit als Teamentwickler massiv erschweren. Teamentwickler können aber gerade in der Anfangsphase Einfluss darauf nehmen, welche Regeln sich etablieren. Vorausgesetzt, sie haben einen sensiblen Blick für sich einschleichende Regeln und eine Vorstellung davon, welche Regeln für ihre Arbeit hilfreich sind und welche nicht. Teamentwickler sollten also wissen, welche Teamregeln sie für ihren Job benötigen.

Im Folgenden gehe ich beispielhaft auf *vier Teamregeln ein, die für Teamentwickler von Relevanz sein könnten,* und erkläre, wie sich diese von Beginn an fördern lassen. Je nach spezifischem Auftrag sowie der Arbeitsweise und Rolle des Teamentwicklers sind unterschiedliche Regeln von Bedeutung:

- Die Teamentwicklungstermine / Retrospektiven sind gesetzt.
- Einzelgespräche zwischen Teamentwickler und Teammitgliedern sind normal.
- Dauerhafte Teamentwickler können Themen auf die Agenda der Retrospektive setzen.
- Der Scrum Master ist nicht »Mädchen für alles«.

Die Teamentwicklungstermine/Retrospektiven sind gesetzt

Wenn die meist zwei- oder dreiwöchig stattfindende Retrospektive für den gemeinsamen Blick auf die Zusammenarbeit im Team gesetzt ist und nur in Notfällen verschoben wird, muss der Teamentwickler nicht um Zeiträume für Teamentwicklung kämpfen. Bestenfalls ist auch klar, dass alle Teammitglieder dabei sind. Die Retrospektive ist kein Termin, aus dem man sich »mal eben« abmelden kann, falls es einen Paralleltermin gibt. Wer diese Regel etablieren will, sollte früh signalisieren, wie wichtig ihm dieser Termin ist. Wenn sich jemand ausklinken will, gilt es nachzuhaken, um die Bedeutung des Termins hochzuhalten: »Wie kommt es? Kannst du den Paralleltermin nicht verschieben? Ansonsten verschieben wir die Retrospektive um zwei Stunden nach hinten ...« So wird schnell deutlich, dass die *Retrospektive ein zentrales Element der Teamentwicklung* ist.

Im Scrum-Umfeld gehört die Retrospektive für die meisten Teams selbstverständlich dazu. In anderen Kontexten bedarf es am Anfang manchmal erheblich an Nachdruck, um solch eine Teamentwicklungsroutine zu etablieren – und damit zur Norm zu machen. Für eine entsprechende Teamentwicklungsregel lohnt es zu »kämpfen«, weil sie oft eine Grundvoraussetzung ist, um überhaupt Teamentwicklung zu betreiben. Ist das Team nicht bereit, gemeinsame Zeit in Diskussion und Reflexion zu investieren, kann Teamentwicklung nicht stattfinden.

Einzelgespräche zwischen Teamentwickler und Teammitgliedern sind normal

Wer als Teamentwickler bisher kaum einzeln mit den Teammitgliedern gesprochen hat und sich dann aus dem Nichts jemanden herausgreift, um mit ihm oder ihr über die Herausforderungen im Team zu sprechen, erzeugt Unsicherheit. Die herausgegriffene Person fragt sich: »Was will der von mir? Wieso jetzt? Und wieso ausgerechnet ich?« Bekommen Teamkollegen das mit, sind möglicherweise auch diese verunsichert: »Was haben die beiden zu besprechen? Bespricht der das mit uns nicht?«

Mit einer entsprechenden Teamregel lässt sich diesen Unsicherheiten entgegenwirken. Niemand soll sich wundern, wenn Teamentwickler Termine für ein Einzelgespräch machen und dort danach fragen, wie es im Team läuft und wo Entwicklungspotenziale im Team gesehen werden. Wenn allen klar ist, dass der Teamentwickler regelmäßig mit allen spricht, sind die Einzelgespräche nichts Besonderes und schon gar nichts Besorgniserregendes mehr, sondern einfach Teil des Jobs des Teamentwicklers. Wenn man von Beginn an regelmäßig Einzelgespräche führt und dabei transparent macht, welche Fragen man stellt, hat sich ein Team schnell daran gewöhnt. Eine Norm ist entstanden, und niemand wundert sich.

Dauerhafte Teamentwickler können Themen auf die Agenda der Retrospektive setzen

Angenommen, bisher lief jede Retrospektive im Team gleich ab. Jeder Termin begann mit den Fragen »Was lief in den letzten Wochen gut?« sowie »Was lief schlecht?«, und anschließend leitet das Team aus den Antworten Verbesserungsideen ab. Es hat sich eine Erwartung vom Ablauf eines Teamentwicklungstermins herausgebildet, und eine darin *implizite* Teamregel lautet: Wir bestimmen als Team gemeinsam, worüber wir sprechen.

Dauerhafte Teamentwickler, zum Beispiel Scrum Master, beobachten das Team im Alltag, sie führen Gespräche mit den Teammitgliedern und sind im Austausch mit anderen Scrum Mastern. Dabei kommen ihnen regelmäßig Ideen, in welchen Bereichen sich das Team noch weiterentwickeln könnte. Für Teamentwickler, die es als Teil ihrer Rolle betrachten, Teamentwicklungspotenziale herauszuarbeiten und mit dem Team zu besprechen, ist es wichtig, diesbezügliche Themen auf die Agenda der Retrospektive setzen zu dürfen. (Beispiel: »Heute möchte ich mit euch mal darüber reden, wie wir aus Kennzahlen Schlüsse für unsere Zusammenarbeit ziehen können …«) Ist das noch nie gemacht worden, ist das Team womöglich irritiert oder empfindet es als übergriffig. Möglicherweise ist die Hürde dann auch für den Teamentwickler groß, jetzt quasi aus dem Nichts einfach ein Thema vorzugeben. (»Wie wird das Team wohl reagieren?«)

Wer *von Beginn an ganz selbstverständlich Themen auf die Agenda gesetzt* hat, hat es leichter. Sobald das Team das Vorgehen einige Male hingenommen hat, ist eine akzeptierte Norm entstanden: Der Teamentwickler darf Themen für die Retrospektive vorgeben.

Der Scrum Master ist nicht »Mädchen für alles«

Ein Punkt speziell zur Rolle des Scrum Masters darf hier nicht fehlen. Ich beobachte immer wieder Scrum Master, die administrative Aufgaben für ihr Team erledigen, die das Team selbst übernehmen könnte. In meinem ersten Job als Scrum Master bin ich in die gleiche Falle getappt. Die Verlockung war groß. Ich war neu und unsicher. (»Wird das Team mich wohl akzeptieren? Finde ich meinen Platz?«) Einfache Aufgaben boten die Möglichkeit, ein paar Dankbarkeitspunkte vom Team zu ernten … Inzwischen bin ich für mich klarer: Ich sehe es nicht als meinen Job, die teaminterne Wiki-Seite zu pflegen, Berechtigungen für neue Teammitglieder zu beantragen oder die Urlaubsliste auf dem aktuellen Stand zu halten. Um die Frage, was zur Rolle des Scrum Masters gehört und was nicht, soll es an dieser Stelle aber gar nicht gehen. Mir geht es darum zu betonen, dass sich auch hier *Rollenerwartungen (Spielregeln)* ausbilden. Übernimmt man in den ersten Wochen die Aufgaben, wird es irgendwann schwer zu sagen: »So, jetzt mache ich das nicht mehr. Jetzt müsst ihr das selbst machen.« Viel schwerer als für den, der sich von Anfang aus derartigen Aufgaben raushält oder seine Unterstützung zumindest als Ausnahme kennzeichnet.

Fazit

In der Anfangsphase bilden sich viele Regeln für die Zusammenarbeit zwischen Team und Teamentwickler aus. Teamentwickler sollten wissen, welche Teamregeln für ihre Arbeit und ihren spezifischen Auftrag besonders wichtig sind, und auf deren Etablierung Einfluss nehmen. Sind Normen und Rollenerwartungen erst einmal etabliert, sind sie zunehmend schwerer zu verändern. Daher lohnt es sich, gerade am Anfang bei bestimmten Punkten besonders hartnäckig zu sein (»Nein, wir lassen den Termin nicht einfach ausfallen!«) – auch wenn gerade die Anfangsphase für den neuen Teamentwickler vermutlich die Phase der größten Unsicherheit ist. (»Akzeptieren die das? Schieße ich mich selbst ins Abseits, wenn ich auf meinen Standpunkt beharre?«)

3.3 Ist es bereits zu spät, wenn ich einen guten Anfang mit dem Team verpasst habe?

Gedanken eines Teamentwicklers: Puh, ich bin jetzt seit einigen Monaten im Team und habe einen schwierigen Stand. Ich bin zwar bei allen relevanten Meetings dabei und darf auch die Retrospektive moderieren, wenn das Team sie nicht ausfallen lässt. Aber sobald ich Ideen äußere, scheine ich am Team abzuprallen. Ich weiß nicht genau, woran es liegt. Es lief von Anfang an holprig. Vielleicht bin ich am Anfang zu sehr darauf rumgeritten, dass ein Sprint nicht länger als zwei Wochen dauern sollte. Obwohl ich in dem Punkt inzwischen nachgegeben habe, hat sich die Situation nicht verbessert. Was kann ich jetzt noch tun, um ans Team anzuschließen, und wie bekomme ich es hin, dass wir nicht mehr ständig die Retrospektive ausfallen lassen?

Angenommen der erste Eindruck, den das Team vom Teamentwickler gewonnen hat, ist nicht optimal. Zum Beispiel, weil ein Teamentwickler ein paar Infos aus anfänglichen Einzelgesprächen ans Management weitergetragen hat. Nichts Kritisches und daher eigentlich keine große Sache, aber beim Team ist dennoch ein zweifelhaftes Bild entstanden. (»Geht es ihm darum, sich beim Management zu profilieren? Wenn er damit so leichtfertig umgeht, wo müssen wir noch aufpassen, wenn wir ihm was anvertrauen?«)

Ein zweites Beispiel: Das Team spricht dem Scrum Master ab, Scrum-Expertise zu besitzen. Vielleicht nur, weil er sich in der Anfangsphase vor Aufregung ein paar Mal zu oft verhaspelt hat. Vielleicht auch, weil er zum Einstieg wirklich noch wenig Scrum-Expertise besaß. Inzwischen hat er sich aber umfangreich weitergebildet, in verschiedenen anderen Scrum Teams ausgeholfen, sich mit erfahrenen Scrum-Experten ausgetauscht, und trotzdem findet er mit seinen Impulsen kaum Gehör. Können sich die entstandenen Bilder noch verändern?

Wir haben alle schon die Erfahrung gemacht, dass jemand beim näheren Kennenlernen dann doch ganz anders ist, als wir anfänglich dachten. Das Bild, das Menschen von uns haben, ist daher nicht in Stein gemeißelt. Menschen entwickeln sich, und das bekommen auch die Kollegen mit. Daher sind Hopfen und Malz nicht verloren. Wenn der Teamentwickler nach dem »Fehltritt« (Informationen ans Management) sehr sorgfältig und transparent damit umgeht, welche Informationen er wo hinträgt, entsteht womöglich neues Vertrauen. Und wer das Team über viele Situationen hinweg mit hilfreichen Scrum-Kenntnissen unterstützt, wird vermutlich im Laufe der Zeit auch für seine Expertise anerkannt.

Wer also mit dem ersten oder zweiten Eindruck, den er beim Team hinterlassen hat, unzufrieden ist, sollte nicht gleich aufgeben. Häufig hilft es, den holprigen Start im Team anzusprechen: »Unsere ersten gemeinsamen Wochen verliefen aus meiner Sicht nicht optimal. Auch die Sache mit dem Management tut mir leid. Das hätte ich mit euch absprechen sollen. Ich frage mich jetzt, was ich tun kann beziehungsweise was wir tun können, damit die nächsten Wochen besser laufen, und würde darüber gerne mit euch sprechen.« Manchmal sind es gerade die anfänglichen Hürden der Zusammenarbeit, die im gemeinsamen Rückblick zu einer starken Einheit geführt haben. (»Wir hatten zwar Startschwierigkeiten, aber dafür sind wir jetzt umso besser aufeinander eingespielt.«)

Allen Hoffnungen zuwider lässt sich allerdings nicht leugnen, dass manche Zuschreibungen erstaunlich lange stabil bleiben (Downey a. Christensen 2006; Kenny et al. 1992). Der ehemalige Azubi bleibt der Azubi. Auch wenn er seine Ausbildung vor fünf Jahren erfolgreich abgeschlossen hat. Der Junior Scrum Master bleibt im Team immer ein bisschen der Junior, auch wenn er inzwischen viel Scrum-Expertise aufgebaut hat. Und auch gegenüber unserem Senior-Teamentwickler bleiben möglicherweise kleine Restzweifel, ob es ihm nicht doch vor allem darum geht, sich beim Management gut darzustellen. Wer trotz großer Bemühungen daran verzweifelt, bestimmte Zuschreibungen loszuwerden, kann über einen *Neuanfang mit einem anderen Team* nachdenken. Der schnellste Weg zu neuen Zuschreibungen ist oft ein Teamwechsel und ggf. auch ein Organisationswechsel.

Nun zu den Fragen, inwieweit und wie sich anfangs gestellte Weichen noch umstellen lassen: Wer bisher die Verantwortung für die Berechtigungen neuer Teamkollegen getragen hat, aber diese Aufgabe abgeben will, oder wer in Zukunft selbst Themen auf die Agenda der Retro setzen möchte, kann versuchen, eine *Änderung der Teamregel herbeizuführen.*

Das Aufbrechen etablierter Regeln ist zwar nicht immer einfach, aber durchaus machbar. Wer genau weiß, was sich ändern soll, hat einen zentralen Schritt bereits getan – er hat ein Problem mit der bestehenden Regel erkannt, was keineswegs selbstverständlich ist. Denn etablierte Regeln werden mit der Zeit unsichtbar (Kap. 2.2). Teamregeln werden zur nicht hinterfragten Normalität. Oft braucht es einen Impuls von außen, um überhaupt zu bemerken, dass es anders sein könnte.

Eine bestehende Regel zu hinterfragen erfordert oftmals Mut. So lassen sich die Reaktionen des Teams nicht vorhersehen. (»Die werden mir Arbeitsverweigerung vorwerfen, wenn ich mich nicht mehr um die Berechtigungen kümmere. Schließlich habe ich es bisher doch gemacht …«) Ein Normbruch beziehungsweise das Infragestellen einer Teamregel birgt immer Konfliktpotenzial. Die Betonung liegt aber auf *Potenzial.* Vielleicht freut sich das Team über Themen, die der Teamentwickler auf die Agenda setzt. Womöglich wissen die Teammitglieder, dass sich andere Scrum Master ebenfalls nicht um die Berechtigungen für neue Teammitglieder kümmern, und haben daher Verständnis. Konfliktpotenzial heißt, es kann rau werden, muss es aber nicht.

Womit Teamentwickler auf jeden Fall rechnen müssen, wenn sie eine etablierte Teamregel infrage stellen: Es wird auffallen. Der Versuch, die Weichen neu zu stellen, kostet Überwindung. Je nachdem, worum es geht, ist es mehr oder weniger wahrscheinlich, dass Gegenwind entsteht. Natürlich spielt auch der Ton die Musik. Es macht einen Unterschied, ob man dem Team lautstark vorschreibt, Retros ab sofort nicht mehr ausfallen zu lassen, oder ob man seine Sichtweise begründet und auf Augenhöhe nach einer gemeinsamen Lösung sucht: »Wir haben in den letzten Wochen mehrmals die Retros ausfallen lassen. Ich würde da gerne mal mit euch drüber sprechen. Als Teamentwickler bin ich auf die gemeinsame Reflexionsräume mit euch angewiesen, um meinen Job machen zu können. Wenn ihr der Meinung seid, dass wir aus den Terminen nicht genug Nutzen ziehen, sollten wir auch darüber sprechen ...«

Fazit

Wurde ein guter Anfang mit dem Team verpasst, ist es nicht zwangsläufig zu spät. Es gibt oftmals eine zweite Chance für den ersten Eindruck, und gestellte Weichen, lassen sich häufig noch umstellen. Es mag nicht einfach sein, bereits entstandene Eindrücke zu korrigieren und etablierte Teamregeln infrage zu stellen und zu verändern, aber mit Geduld, Fingerspitzengefühl und möglicherweise etwas Entschlossenheit ist es in vielen Fällen dennoch möglich.

3.4 Was tun, wenn sich das Team gar nicht entwickeln will?

Gedanken eines Teamentwicklers: »Warum sollen wir uns weiterentwickeln, wenn alles gut läuft?« Diesen Satz höre ich immer wieder von meinem Team, und er lässt mich verzweifeln. Das Team erkennt keinen Wert der Teamentwicklung und ist dementsprechend nicht bereit, an Workshops oder ähnlichen Maßnahmen teilzunehmen. Ich fühle mich hilflos. Wenn das Team nicht bereit ist, an seiner eigenen Entwicklung zu arbeiten, sind mir die Hände gebunden. Es muss nicht jedem sofort Spaß machen, aber ein Team sollte offen sein, an sich selbst zu arbeiten, oder nicht? Was soll ich tun? Ist es meine Aufgabe, sie von der Bedeutung der Teamentwicklung zu überzeugen? Sollte ich den

Auftraggeber einschalten? Oder sollte ich das Weite suchen, weil in so einer Situation keine Zusammenarbeit möglich ist?

Wenn ein Team signalisiert, keine Teamentwicklung zu brauchen, beziehungsweise diese explizit ablehnt, ist das eine herausfordernde Situation für den Teamentwickler. Bevor man aber die Flinte ins Korn wirft, gibt es noch eine Reihe von Handlungsmöglichkeiten, deren Ausprobieren lohnenswert ist. Als Erstes ist es ratsam, im Team nach möglichen Ansatzpunkten zu suchen (siehe unten). Sollte dieser Weg nicht erfolgreich sein, kann möglicherweise das Management einen Stein ins Rollen bringen (siehe S. 61 f.) Und wenn auch das keine Wirkung zeigen, ist es an der Zeit, sich als Teamentwickler aus dem Auftrag rauszuziehen (siehe S. 64).

Ansatzpunkte im Team

In achtzig Prozent der Fälle hat das Team gar kein Problem mit Teamentwicklung an sich. Oft versteckt sich hinter der Aussage »Wir brauchen/wollen keine Teamentwicklung« lediglich eine Befürchtung, der es nachzuspüren gilt. Was ist die Sorge? Hat das Team eine hohe Arbeitslast und befürchtet Zeitverschwendung? Oder hat es Angst davor, Dinge verändern zu müssen, die aus Teamsicht gut funktionieren? Traut es mir als Teamentwickler vielleicht (noch) nicht zu, mit den wirklich schwierigen Themen umzugehen? Wie in Kapitel 3.1 beschrieben, gibt es Möglichkeiten, mit den Befürchtungen umzugehen. Wer es schafft, dem Team die Bedenken zu nehmen, findet dann häufig auch die Bereitschaft dafür vor, die Arbeit im Team zu reflektieren und nach Optimierungspotenzialen zu suchen.

Manchmal kommt man aber auch auf diesem Weg nicht weiter. Dann lohnt es sich, nach Schmerzpunkten des Teams zu suchen. Es geht darum herauszufinden, bei welchen Themen dem Team der Schuh wirklich drückt. Denn genau hier findet sich oft Motivation für eine Veränderung. Trägt ein Team seit Langem einen ungeklärten, für alle Beteiligten strapazierenden Konflikt bezüglich der Arbeitsverteilung mit sich herum, liegt hier vielleicht die Chance, an das Team »anzudocken«. Vielleicht leidet das Team alternativ seit Jahren an der Zusammenarbeit mit einem anderen Team, von dem es abhängig ist (oft sehen Teams ihre größten Probleme zunächst außerhalb ihrer Teamgrenze), und das Team wäre bereit, in diesem Zusammenhang mit dem Teamentwickler nach Einflussmöglichkeiten zu suchen.

Was wichtig ist: Das Team muss den Schmerz empfinden. Es bringt an dieser Stelle nichts, wenn jemand von außen die Aufgabenverteilung innerhalb des Teams bemäkelt und das Team selbst kein Problem darin sieht. Wenn das Team wirklich Not leidet, muss der Teamentwickler dem Team glaubhaft signalisieren, zu einer Lösung beitragen zu können. Bei einem tief sitzenden Schmerz reicht häufig ein kleiner Hoffnungsschimmer aus, um etwas Bereitschaft für die Teamentwicklung entstehen zu lassen. (»Vielleicht sollten wir es zumindest mal ausprobieren ...«)

Manchmal liegen die Leidensthemen auf der Hand. Vielleicht hat man als Teamentwickler das Team schon in der einen oder anderen Runde erlebt und es dort vehement über das schwierige Nachbarteam schimpfen hören. Möglicherweise hat auch der ehemalige Scrum Master oder ein Auftraggeber von den wiederkehrenden Konflikten über die Aufgabenverteilung im Team berichtet.

Sollte man hingegen noch keine Schmerzpunktthemen kennen, kann man versuchen, mit den Teammitgliedern einzeln ins Gespräch zu kommen. Eine halbe Stunde Zeit mit jedem ist nur in den seltensten Fällen ein Problem. In den Gesprächen wird dann *nach Schmerzpunkten gesucht*. Es lohnt sich, genau hinzuhören, manchmal werden die Knackpunkte nur beiläufig angerissen. Werden diese dann angesprochen (»Du hattest eben erwähnt, die Aufgabenverteilung ist manchmal schwierig ...«), bricht häufig der Damm. (»Jaa, einige betreiben hier Cherry-Picking. Die blöden Aufgaben bleiben immer an den Gleichen hängen!«)

Wenn man mit allen gesprochen hat, kann man dem Team ein Angebot machen: »Wir können auf das Thema X mal gemeinsam draufschauen und wenn ihr möchtet auch auf Thema Y. Was sagt ihr?« Wenn genügend Teammitglieder (oder zumindest die Meinungsführenden) jetzt aufspringen, lässt sich mit dem Team arbeiten. Das Eis für die gemeinsame Zusammenarbeit ist dünn, aber es reicht, um sich langsam vorwärtszubewegen. Schafft man es jetzt gemeinsam mit dem Team, einen echten Schmerz zu lindern, wird das Eis dicker. Es entsteht Vertrauen in den Teamentwickler, und die Bereitschaft für Teamentwicklung steigt.

Manchmal reicht aber auch das nicht. Es lassen sich einfach keine Schmerzpunkte finden, oder der Funke Hoffnung fehlt, an den Schmerzpunktthemen etwas verändern zu können. Das genannte Vorgehen setzt zudem voraus, dass das Team selbst sagen darf, woran es im Rahmen einer Teamentwicklung arbeiten will. Doch das ist nicht immer gegeben. Manchmal ist der Auftrag deutlich enger (z. B.: »Führt Scrum ein«). Der Koffer an Möglichkeiten, Bereitschaft für Teamentwicklung zu erzeugen, ist aber dennoch nicht ausgeschöpft. Womöglich kann das Management mit etwas Nachdruck den Stein ins Rollen bringen.

Nachdruck vonseiten des Managements

Die meisten Unternehmen arbeiten nach wie vor mit formaler Hierarchie. In hierarchisch strukturierten Organisationen können Vertreter des Managements Ziele (Kap. 5.3) fürs Team vorgeben. Teamentwicklungsziele könnten beispielsweise lauten: »Stellt eure Arbeitsorganisation auf Scrum um …« oder »Liebe Recruiting-Teammitglieder, sorgt dafür, dass kein Bewerber länger als zwei Wochen auf eine Zu- oder Absage warten muss.« Akzeptiert ein Team das vom Management auferlegte Ziel, wie es in vielen hierarchischen Organisationen der Fall ist, entsteht oft auch die Bereitschaft, die Unterstützung des Teamentwicklers anzunehmen. (»Wenn das Management will, dass wir nach Scrum arbeiten, müssen wir das wohl tun …«) Teamentwickler können bewusst darauf hinwirken, dass das Management Ziele setzt oder bestehende Ziele noch mal mit gewissem Nachdruck kommuniziert. Gefährlich wird es, wenn das Management zwar eine Erwartung äußert, aber nie nachprüft, wie es denn um die Erreichung des Ziels steht. Das heißt dann so viel wie: »Richtig wichtig ist uns das nicht.« Zumindest wird es schnell so interpretiert. Ziele, die nie nachgehalten werden, verpuffen in ihrer Wirkung. Und nicht nur das: Sie torpedieren zudem die Wirkkraft zukünftiger Zielsetzungen, weil Teams lernen, dass man Teamentwicklungsziele ignorieren darf.

Manchmal kann oder will das Management aber kein klares Ziel vorgeben. Der Auftrag lautet lediglich, das Team solle an sich arbeiten, um sich weiterzuentwickeln. Daraus lässt sich kein *spezifisches* Teamentwicklungsziel ableiten. Manager könnten in diesem Fall Teamentwicklung an sich verordnen, etwa so: »Die Teamentwicklungsworkshops sind Pflicht. Ich habe zuletzt zu wenig Weiterentwicklung bei euch wahrgenommen. Ihr macht euch bitte Gedanken darüber, in welchen Bereichen und wie ihr euch weiterentwickeln könnt.« Manchmal reicht das, um die Teammitglieder zumindest dazu zu bewegen, am Workshop teilzunehmen.

Kann Teamentwicklung unter Zwang funktionieren?
Bringt das Management die Teammitglieder mit viel Nachdruck (»Teilnahme ist Pflicht.«) dazu, an Teamentwicklungsworkshops teilzunehmen, sind das gewiss nicht die besten Startbedingungen für eine produktive Zusammenarbeit zwischen Team und Teamentwickler. Trotzdem ist die Situation für den Teamentwickler nicht aussichtslos. Zumindest hat dieser jetzt einen Kontaktpunkt und damit die Chance, einen Draht zum Team herzustellen. Nur wie?

Ein Versuch, das Team zu bekehren, wäre nicht der richtige Ansatz. (»Eigentlich ist das doch sinnvoll. Ihr habt es nur noch nicht richtig verstanden.«) Druck erzeugt Gegendruck. Jeder Überzeugungsversuch wird das ohnehin feste Abwehrbollwerk weiter verstärken. Stattdessen kann es helfen, ehrliches Verständnis für die Situation des Teams aufzubauen und darüber ins Gespräch zu kommen: »Ich kann verstehen, dass es ätzend ist, hier sitzen zu müssen, obwohl man überhaupt keinen Bedarf sieht und gleichzeitig der Berg auf dem Schreibtisch weiter wächst ...« Was auch immer als Reaktion folgen mag: Es ist nun von großer Bedeutung, aufmerksam zuzuhören und das Gesagte keinesfalls herunterzuspielen. Durch interessiertes Nachfragen (»Euch stört vor allem ..., verstehe ich das richtig?«) vermag der Teamentwickler zu signalisieren, dass er das Team wirklich verstehen will. Hat er das Gefühl, eine kleine Verständigungsbrücke zum Team aufgebaut zu haben, kann er einen Schritt weitergehen: »Wollen wir mal drauf schauen, wie wir die Zeit sinnvoll nutzen können, wenn wir hier eh schon zusammensitzen?« oder ggf. noch pointierter (Conen u. Cecchin 2007, S. 15): »Wie kann ich euch helfen, mich wieder loszuwerden?« Nicht selten lässt sich so das Eis brechen und ein kleiner Stein ins Rollen bringen.

Teamentwicklung kann auch unter Zwang starten. Hier gilt es dann besonders behutsam vorzugehen. Das geschilderte Vorgehen kann nur funktionieren, wenn der Teamentwickler nicht gleichzeitig der ist, der den Druck ausübt. Der Veränderungsdruck sollte also vom Management und nicht vom Teamentwickler ausgehen. Ein Punkt ist mir hier noch wichtig: Wer für die frustrierende Situation des Teams kein echtes Verständnis aufbringen kann, sollte die Finger von dieser Strategie lassen. Ansonsten wird das Vorgehen zur manipulativen Taktik. Zudem sind Teams nicht blöd und riechen es, wenn einfühlsames Interesse lediglich vorgegaukelt ist.

An dieser Stelle möchte ich noch auf eine Situation eingehen, die ein besonders sensibles Vorgehen erfordert. Stellen wir uns einen Scrum Master vor, der schon seit einigen Wochen versucht, die Scrum-Praktiken im Team einzuführen. Allerdings konnte er das Team bisher noch nicht einmal dazu motivieren, sich auf die Scrum-Termine (Retrospektive, Review, Planning) einzulassen. Alle Überzeugungsversuche sind am Team abgeprallt. Äußert das Management nun eine klare Erwartungshaltung (»Ihr führt diese Termine bitte umgehend ein!«), steht der Scrum Master, der bisher ebenfalls dafür geworben hat, natürlich im Verdacht, mit dem Management unter einer Decke zu stecken. Unabhängig davon, ob das Management nun von sich aus oder durch das Hinwirken des Scrum Masters aktiv wurde, muss das oben geschilderte Vorgehen angepasst werden. Sich verständnisvoll auf die Seite des Teams zu stellen, würde äußerst scheinheilig wirken. (»Der tut doch nur so, als könnte er uns verstehen. Insgeheim freut der sich, dass wir das jetzt müssen.«)

Wenn also ohnehin allen klar ist, dass der Scrum Master inhaltlich auf der Seite des Managements steht, sollte er das benennen: »Ihr wisst ja, dass ich Scrum-Verfechter bin und auch fest daran glaube, dass sich die zentralen Scrum-Praktiken in eurem Kontext gut nutzen lassen. Das will ich nicht leugnen. Daher kann ich die Ansage des Managements gut nachvollziehen.« Nachdem ehrlich ausgesprochen wurde, was sowieso im Raum steht, gilt es eine Verständigungsbrücke herzustellen: »Ich habe verstanden, dass ihr das anders seht, und ich verstehe natürlich auch, dass es ätzend ist, etwas machen zu müssen, was man nicht für sinnvoll hält. Ich kann euch anbieten, euch als Scrum Master dabei zu unterstützen, Scrum einzuführen. Aber ich kann und will Scrum nicht ohne eure Mitarbeit einführen.« Wenn das Team sich dem Management nicht widersetzen will und für sich akzeptiert hat, den Weg wohl oder übel zu gehen, besteht die Chance, dass es das Angebot des Teamentwicklers doch annimmt. Vorausgesetzt, das Team hat diesen aufgrund der bisherigen Spannungen noch nicht abgeschrieben.

Bis hierhin lässt sich festhalten: Wenn Teamentwickler ihren Auftrag nicht ausführen können, weil das Team keinerlei Bereitschaft für Teamentwicklung signalisiert und alle Anschlussversuche des Teamentwicklers bisher gescheitert sind, ist es eine valide Option, das Management einzubinden.

Den Auftrag abbrechen

Manchmal hat auch der Nachdruck des Managements nicht die gewünschte Wirkung. Das Team sitzt die Aufforderungen des Managements einfach aus oder widersetzt sich offen: »Nein, das machen wir nicht!« Was dann? Was tun, wenn sich das Team der Erwartung des Managements widersetzt? Dann wird das Team vermutlich sehr gute Gründe dafür haben, und Teamentwickler sollten versuchen, diese zu verstehen. Richtig gelesen! Das würde ich zumindest noch ein letztes Mal annehmen. Wir dürfen nicht vergessen: In den Teams sitzen Menschen, die in der Regel einen ordentlichen Job machen wollen und kein Interesse an Konflikten mit dem Teamentwickler geschweige denn mit dem Management haben. *Man sollte sehr vorsichtig damit sein, einem Team den Stempel aufzudrücken, es sei renitent.* Viel wahrscheinlicher ist es, dass noch Befürchtungen im Raum stehen, noch keine echten Schmerzpunkte auf dem Tisch liegen oder die Erwartung des Managements noch nicht nachvollziehbar geworden ist. Wenn sich ein Team also trotz Nachdruck des Managements querstellt, sollte man noch einmal genau hinhören und versuchen, die Beweggründe des Teams zu verstehen.

Mal angenommen, wir sind an dem Punkt angelangt, an dem das Management sagt: »Wir haben die Fragestellung mehrmals mit euch diskutiert und unsere Argumente ausgetauscht. Die Entscheidung ist getroffen. Wir wollen unsere Software agil und nach Scrum entwickeln. Akzeptiert das. Es gibt nichts mehr zu diskutieren.« Das Team hält genauso vehement dagegen: »Nicht mit uns. Da machen wir nicht mit.« Wir haben also eine Pattsituation zwischen Team und Management. Was nun? Was ist zu tun, wenn es wirklich so weit kommt?

Dann ist das keine Fragestellung für Teamentwicklung mehr. Dann würde ich einen Teamentwicklungsauftrag ablehnen oder mich aus dem bestehenden Auftrag rausziehen. Der weitere Umgang mit der Situation liegt dann in der Hand des Managements. Möglicherweise empfiehlt es sich, dass Team aufzulösen oder disziplinarische Schritte einzuleiten. Das zu entscheiden, ist dann aber wie gesagt Managementaufgabe.

Möglicherweise könnte ein Mediator die Konfliktdynamik zwischen Team und Management unter die Lupe gehen. Ich halte dieses Szenario aber für ausgesprochen selten. Damit es wirklich so weit kommt, müssen alle Überzeugungsversuche und Bemühungen für Verständigungsbrücken des Teamentwicklers gescheitert sein. Weder ließen sich relevante Befürchtungen ausräumen, noch gab es eine Möglichkeit an die Schmerzpunkte des Teams anzudocken. Auch der Nachdruck des Managements hätte keine entsprechende Wirkung gehabt.

Fazit

Wenn ein Team äußert, sich gar nicht entwickeln zu wollen, sollte das zunächst als Hinweis für noch nicht ausgeräumte Befürchtungen aufgefasst werden. Darüber hinaus findet sich häufig Motivation an den Schmerzpunkten des Teams, also dort, wo es selbst Probleme wahrnimmt. Lässt sich innerhalb des Teams dennoch kein Ansatzpunkt für Teamentwicklung finden, kann das Management einbezogen werden. Eine klare Erwartungshaltung seitens des Managements kann manchmal Bewegung in die Situation bringen. Es gibt also verschiedene Möglichkeiten, um die Bereitschaft des Teams zur Teilnahme an Teamentwicklung zu wecken. Sollten jedoch alle Versuche scheitern, bleibt dem Teamentwickler als letzte Option die Entscheidung, den Auftrag abzubrechen.

4 Den Auftrag klären

Es mag zunächst verwundern, dass wir uns bereits in Kapitel 3 mit der Anfangsphase der Teamentwicklung beschäftigt haben und erst danach in diesem Kapitel die Auftragsklärung thematisieren. Schließlich findet die Auftragsklärung zeitlich vor dem Start der Teamentwicklung statt. Allerdings hilft es, für eine gute Auftragsklärung zu wissen, worauf es in der Anfangsphase ankommt. Darüber hinaus wird sich noch zeigen, dass Auftragsklärungskompetenz auch in bestehenden Aufträgen immer wieder unerlässlich ist. Aus diesen Gründen habe ich mich für diese auf dem ersten Blick womöglich überraschende Themenreihenfolge entschieden.

Aufträge für Teamentwicklung unterscheiden sich in vielerlei Hinsicht. Einige sind weit gefasst (»Unterstütze das Team dabei, agiler zu werden«) und andere sehr eng (»Das Team soll bessere Reviews mit dem Kunden durchführen«). Manchmal stehen weiche Themen wie die Feedbackkultur im Vordergrund, und manchmal geht es um harte Fakten wie der Reduzierung einer Fehlerquote. Teilweise freut sich das Team auf den Teamentwickler, und bisweilen steht es einer Teamentwicklung ablehnend gegenüber (Kap. 3.4). Einige Aufträge sind dauerhaft angelegt (»Begleite das Team als Scrum Master«) und andere temporär (»Wir haben da an ein paar Workshops gedacht«).

Unter Auftragsklärung verstehe ich die Gespräche, die Teamentwickler und Auftraggeber miteinander führen, um zu entscheiden, ob, wie und unter welchen Rahmenbedingungen ein Teamentwickler für einen Auftraggeber tätig wird. Dabei unterscheide ich im Folgenden zwischen Hauptaufträgen und Teilaufträgen:

Der *Hauptauftrag* wird vor Beginn der Zusammenarbeit geklärt, also bevor Team und Teamentwickler überhaupt miteinander arbeiten. In vielen Fällen wird dieser zwischen einem Teamentwickler und einer Führungskraft des Teams geschlossen. Aber auch innerhalb eines bereits laufenden Teamentwicklungsauftrags erhalten Teamentwickler oft neue kleinere Aufträge. Der Scrum Master, der einem Team zu mehr Agilität verhelfen soll (= Hauptauftrag), wird im Rahmen dieses Hauptauftrags regelmäßig mit kleineren Anliegen (= *Teilaufträgen*) betraut. (»Wir haben immer wieder Probleme mit Aufgaben, die liegen bleiben, weil niemand in die Verantwortung geht. Kannst du da einmal mit uns drauf schauen?« oder »Unser Planungstermin dauert zu lange, da wollen wir mit dir noch mal an die Agenda ran.« Häufig, aber nicht immer, kommen Teilaufträge dann vom Team selbst. Die folgenden Überlegungen lassen sich größtenteils sowohl auf Haupt- als auch auf Teilaufträge übertragen.

Wir beschäftigen uns in diesem Kapitel mit der Frage, wann Auftragsklärung überhaupt nötig ist (Kap. 4.1). Wer einen Auftrag klären will, muss wissen, wo er im Rahmen der Auftragsklärung hinschauen sollte (Kap. 4.2) sowie unter welchen Umständen er einen Auftrag besser ablehnt (Kap. 4.3).

4.1 Wozu brauche ich eine Auftragsklärung?

Gedanken des Autors: Richtig gelesen! Ich als Autor dieses Buches habe mir vorgenommen, jedes Unterkapitel aus der Sicht eines fiktiven Teamentwicklers zu beginnen, der vor einer kniffligen Fragestellung steht. Allerdings vermute ich, dass Teamentwickler, die sich bisher wenig mit Auftragsklärung beschäftigt haben, gar kein großes Problem sehen. Immerhin hat es bisher auch mit gesundem Menschenverstand funktioniert, oder!? Die Bedeutung einer professionellen Auftragsklärung wird meines Erachtens stark unterschätzt. Ein Grund mehr, sich einmal mit den Funktionen der Auftragsklärung zu beschäftigen.

Auftragsklärung erfüllt verschiedene *Funktionen:* Diagnose für die Wahl des Vorgehens, das Sammeln von Hinweisen zur Anschlussfähigkeit, das Sicherstellen einer realistischen und einheitlichen Erwartungshaltung sowie die Klärung des organisatorischen Rahmens. Wer diese Funktionen versteht, kann für den spezifischen Einzelfall ableiten, ob eine Auftragsklärung angebracht ist und worauf dabei der Fokus liegen sollte. Los geht's:

- *Diagnose für die Wahl des Vorgehens:*
  Ähnlich wie bei einem Arzt, dem wir nicht vertrauen würden, wenn er uns ohne vorherige Diagnose Medikamente verschreibt, ist es wichtig, eine fundierte Einschätzung der Situation vorzunehmen, bevor wir ein Vorgehen festlegen. Es gäbe unzählige *Möglichkeiten,* einen Teamentwicklungsauftrag zu

gestalten: ein Konfliktklärungstermin zu Beginn, regelmäßige Retrospektiven, ein Training zum Thema Feedback, Einzelgespräche mit allen Teammitgliedern, das Team als Beobachter bei den Regelterminen begleiten, Workshops zu bestimmten Fragestellungen, ... Auch wenn der Auftraggeber oft schon eine klare Vorstellung davon hat, wie der Teamentwickler vorgehen sollte (»Wir wollen einen Halbtagesworkshop, bei dem alle Teammitglieder mal sagen sollen, was sie wirklich denken ...«), sollten Teamentwickler hier vorsichtig sein. Denn wüssten Auftraggeber, was sie brauchen, hätten sie ihr Problem möglicherweise schon längst selbst gelöst. Teamentwickler sollten sich als *Experten für passende Vorgehensweisen im Rahmen von Teamentwicklung* verstehen und den Auftraggeber selbstbewusst beraten (»Wenn es dir darum geht, würde ich empfehlen, dass wir besser so vorgehen ...«). Wer zum Vorgehen im Rahmen der Teamentwicklung gut beraten will (ob bei Haupt- oder Teilaufträgen), benötigt Informationen über das Problem, das Ziel und den Kontext des Auftraggebers.

- *Hinweise zur Anschlussfähigkeit erhalten:*
  Im Rahmen der Auftragsklärung sollten Teamentwickler herausfinden, was berücksichtigt werden muss, um an das Team anschließen zu können. Wer zu viele Widerstände auslöst oder nicht die nötigen Zuschreibungen zum Beispiel hinsichtlich seiner Expertise oder Integrität erhält, kann nicht wirksam arbeiten (Kap. 3.1). Wer Befürchtungen zu Beginn nicht ausräumt oder zumindest entsprechend auf sie eingeht, hat einen steinigen Weg vor sich. Im Rahmen der Auftragsklärung gilt es, die *sensiblen Punkte zu erfragen.* Wer die Ängste und Hoffnungen des Teams kennt, kann in den ersten Kontakten zum Team angemessen mit ihnen umgehen. Dieser Aspekt gilt vor allem für Hauptaufträge, die erteilt werden, bevor Team und Teamentwickler miteinander zusammenarbeiten.
- *Realistische und einheitliche Erwartungshaltung sicherstellen:*
  Im Rahmen der Auftragsklärung geht es auch darum, angemessene Erwartungen sicherzustellen. Wer verspricht, dass sich ein zerstrittenes Team nach einem zweistündigen Teamworkshop wieder in den Armen liegt, läuft Gefahr, Erwartungen zu enttäuschen. Und wenn sich der Auftraggeber durch die Teamentwicklung erhofft, den Output des Teams zu verdrei-

fachen, wäre es gut, das frühzeitig zu wissen. Unrealistischen Erwartungen lässt sich entgegenwirken, wenn man sie kennt. Teamentwickler sollten abschätzen können, was machbar ist und was nicht. Nicht immer lassen sich die Erfolgsaussichten leicht einschätzen. Wer sich unsicher ist, sollte eher vorsichtig mit Versprechungen sein. Sobald mehrere Personen als Auftraggeber beteiligt sind, gilt es unterschiedliche Erwartungen aufzudecken, um ein *einheitliches Verständnis vom Auftrag* herzustellen. Dass man es mit mehreren Personen als Auftraggeber zu tun hat, ist gar nicht so selten. Manchmal unterstehen die Teammitglieder eines Teams unterschiedlichen disziplinarischen Führungskräften, die dann auch im Rahmen eines Auftragsklärungsgesprächs dabei sind, und gerade Teilaufträge klärt man meist direkt mit dem Team oder einigen Teamvertretern. Der bewusste Umgang mit Erwartungen im Rahmen der Auftragsklärung ist sowohl bei Teil- als auch bei Hauptaufträgen von Relevanz.

- *Den organisatorischen Rahmen klären:*
  Natürlich geht es im Rahmen der Auftragsklärung auch darum, organisatorische Rahmenbedingungen (Zeitpunkt, Ort, Honorar …) zu klären. Kommen Teamentwickler und Auftraggeber hier nicht auf einen gemeinsamen Nenner, entsteht kein Auftrag.

An dieser Stelle noch eine Ergänzung: Die Fragen, die der Teamentwickler seinem Auftraggeber vor Auftragserteilung stellt, führen dazu, dass dieser über Dinge nachdenkt, über die er sich bisher keinerlei Gedanken gemacht hat. Schon im Rahmen der Auftragsklärung entstehen aufseiten des Auftraggebers neue Einsichten. (»Guter Punkt, da habe ich noch gar nicht drüber nachgedacht …«) Es ist also nicht so, dass man als Teamentwickler lediglich Informationen erfragt, die der Auftraggeber bereits im Kopf hat. Viele Gedanken entstehen erst im gemeinsamen Gespräch. Eine gute Auftragsklärung hilft dem Auftraggeber, sein Anliegen klar zu umreißen und wichtige Aspekte zu identifizieren, die es zu berücksichtigen gilt.

Wie relevant die Auftragsklärung ist, hängt vom jeweiligen Einzelfall ab. Für einen *temporären Teamentwickler,* der *anlassbezogen* angefragt wird, ist eine sorgfältige Hauptauftragsklärung meist unabdingbar, da der Auftraggeber häufig ein spezifisches Anliegen hat.

Dauerhafte Teamentwickler hingegen müssen das konkrete Vorgehen (Einzelgespräche? Workshops?) nur selten mit einem Auftraggeber abstimmen. Sie stoßen typischerweise ohne explizite und systematische Hauptauftragsklärung zum Team hinzu, machen sich ein Bild von diesem und überlegen eigenständig oder mit dem Team, wie sie weiter vorgehen. Dann probieren sie etwas mit dem Team aus, sammeln Erfahrungen und leiten aus den Erkenntnissen weitere Teamentwicklungsaktivitäten ab. Auftragsklärung wird für dauerhafte Teamentwickler spätestens dann relevant, wenn sie für *Teilaufträge* angefragt werden.

Aber auch dauerhafte Teamentwickler, die noch nicht zum Team hinzugestoßen sind, können von einer Hauptauftragsklärung profitieren. Unter Umständen werden hier Erwartungen seitens des Managements deutlich, die nicht mit den eigenen Werten übereinstimmen (»Ich soll als Einpeitscher agieren?«), oder man erhält wertvolle Hinweise für einen guten Start mit dem Team (»Den letzten Scrum Master hat das Team quasi rausgeworfen, weil er …«).

Fazit

Ob und in welchem Umfang eine Auftragsklärung stattfindet, sollte jeweils für den spezifischen Einzelfall entschieden werden. Aus den verschiedenen Funktionen einer Auftragsklärung lassen sich die folgenden *Reflexionsfragen* ableiten:

- Habe ich bereits alle Informationen, die ich benötige, um ein passendes Vorgehen zu wählen beziehungsweise vorzuschlagen?
- Inwieweit kann ich davon ausgehen, dass ich gut ans Team anschließen werde? Sollte ich besser noch herausfinden, ob es Vorbehalte oder Befürchtungen gibt?
- Besteht die Gefahr, unrealistische oder voneinander abweichende Erwartungen zu enttäuschen?
- Sind die organisatorischen Rahmenbedingungen klar?

4.2 Worauf sollte ich im Rahmen der Auftragsklärung schauen?

Gedanken eines Teamentwicklers: Ich weiß doch, was mein Auftraggeber will. Einen Workshop zum Thema Feedbackkultur.

Reicht das nicht? Brauche ich wirklich so viel mehr Informationen, wenn für ihn bereits klar ist, was getan werden soll? Was muss ich noch wissen? Ich verstehe schon, dass es gut wäre zu wissen, mit welchen Vorbehalten ich rechnen muss. Aber wie kriege ich das im Rahmen der Auftragsklärung raus?

Wie schon erwähnt: Wüsste der Auftraggeber, was er braucht, hätte er sein Problem womöglich schon selbst gelöst. Ohne es ihm so direkt zu sagen, hilft es, mit dieser Annahme in die Auftragsklärung zu gehen. Daher steht zu Beginn der Auftragsklärung noch nicht fest, wie der Auftrag am Ende aussieht. Durch sorgfältiges Fragen und Hinterfragen erhält nicht nur der Teamentwickler wichtige Informationen, auch die Sicht des Auftraggebers auf sein Anliegen verändert sich. Es kommt dann nicht selten vor, dass dieser seine ursprüngliche Idee loslässt und sich den Gedanken des Teamentwicklers öffnet. Der letztendliche Auftrag ist dann meist eine Koproduktion von Auftraggeber und Teamentwickler.

Wer am Ende der Auftragsklärung ein geeignetes Vorgehen vorschlagen möchte oder abschätzen will, wie er gut an das Team anschließen kann, muss wissen, wonach er im Auftragsklärungsgespräch fragen soll. Wir konzentrieren uns zunächst darauf, wie man im Rahmen einer Auftragsklärung einen guten Überblick über das Anliegen erhält, um ein passendes Vorgehen zu finden. Danach betrachten wir einige Fragen, die darauf abzielen herauszufinden, wo relevante Befürchtungen oder Vorbehalte liegen. Diese gilt es zu berücksichtigen, um gut an das Team anschließen zu können. Selbstverständlich gehört die Klärung des Rahmens (Honorar, Zeitraum, Ort ...) ebenfalls zur Auftragsklärung. Ich verzichte im Folgenden aber darauf, auf diese organisatorischen Rahmenbedingungen ausführlicher einzugehen.

Mit dem Auftragsklärungskompass einen Überblick über das Anliegen erhalten

Eine Reihe von Workshops? Wenn ja, mit welchem Ziel und welchen Fragestellungen? Oder erst mal ein paar Interviews? Bestimmte Termine beobachten, um danach Optimierungsvorschläge zu machen? Eine Mediation? Ein Training? ... Teamentwicklung kann auf vielerlei Weise stattfinden. Um zu entscheiden, welches Vorgehen im spezifischen Fall angebracht sein könnte, sollte man sich das Anliegen und die Situation des Auftraggebers genau anschauen. Für einen systematischen Überblick hilft es, zwischen dem Problem, dem Vorgehen und dem Ziel des oder der Auftraggeber zu unterscheiden. Diese Unterscheidung dient als Auftragsklärungskompass, weil sie auf zentrale Aspekte einer Auftragsklärung hinweist.

Ein kurzer Hinweis vorab: Es sei daran erinnert, dass auch dauerhafte Teamentwickler im Rahmen eines bestehenden Auftrags (»Entwickle das Team weiter«) immer wieder Teilaufträge (»Wir müssen über die Aufgabenverteilung im Team sprechen«) erhalten. Die folgenden Überlegungen sind ebenso für dauerhafte Teamentwickler anwendbar, die bereits Teil eines Teams sind.

Problem

Jeder Auftrag beginnt mit einer Soll-Ist-Differenz. Irgendetwas ist nicht so, wie es sein sollte, und das nennen wir Problem. Viele Auftragsklärungsgespräche beginnen mit der Schilderung eines Problems. Hierbei ist es hilfreich, darauf zu achten, wie das Problem beschrieben, wie es bewertet und wie es erklärt wird (Simon 2014, S. 11 ff.). Beginnen wir mit der Problembeschreibung:

Beschreibung: Oft sind die Problembeschreibungen im ersten Moment sehr abstrakt. Mit Formulierungen wie »Das Team arbeitet nicht selbstorganisiert« oder »Die Zusammenarbeit stimmt nicht« kann vieles gemeint sein. Der Job des Teamentwicklers ist es dann, das Problem zu konkretisieren. Das gelingt, indem man nach konkreten Beispielen fragt. Bleibt der Auftraggeber dennoch abstrakt, hilft möglicherweise die folgende Konkretisierungsfrage: »Angenommen, ihr hättet das Team gefilmt, woran würde ich in dem Video erkennen, dass das Team nicht selbstorganisiert ist / dass die Zusammenarbeit nicht stimmt?«

Es ist nicht ungewöhnlich, dass bereits auf dieser Ebene Differenzen zwischen den beteiligten Personen auftreten. Die Abteilungsleiterin, Astrid, könnte zum Beispiel berichten, dass das Team seine gesteckten Ziele fast nie erreicht, während der Teamleiter, Tom, möglicherweise diese Problembeschreibung bereits ablehnt und sagt: »Das ist Quatsch! In neun von zehn Zyklen hat das Team die gesetzten Ziele erreicht.«

Bewertung: Ein und derselbe Sachverhalt kann ganz unterschiedlich bewertet werden. Im Rahmen der Auftragsklärung sollten Teamentwickler die Bewertung des Auftraggebers vorsichtig hinterfragen:

»Ich habe verstanden, dass das Team sich regelmäßig überplant und daher die Prognosen nicht einhält. Wie wichtig sind denn Prognosen in eurem Kontext? Wofür werden die Prognosen benötigt? Hat es denn auch Vorteile, dass das Team sich so viel vornimmt?« Manchmal stellt der Auftraggeber dann in der Reflexion fest, dass sein Problem gar nicht so groß ist wie ursprünglich angenommen oder dass es an ganz anderer Stelle liegt.

Häufig unterscheiden sich die Bewertungen der verschiedenen Auftraggeber untereinander. Was für A problematisch ist, kann B sogar gut finden. Wenn Teamleiter Tom seiner Chefin bei ihrer Problembeschreibung zustimmt, bedeutet das noch nicht, dass er die Situation wie sie bewertet: »Ja stimmt, das Team überplant sich meistens. Für mich ist das aber kein Problem. Ich finde es sogar gut, weil es sich dadurch anspruchsvolle Ziele setzt. In Summe schaffen wir dadurch mehr.«

Erklärung: Bei der Problemerklärung geht es immer um die Frage: Woran liegt es? Für dasselbe Problem gibt es in der Regel unterschiedlichste Erklärungsmöglichkeiten. Dass Prognosen eines Teams nicht eingehalten werden, lässt sich beispielsweise dadurch erklären, dass

- Aufgaben unklar definiert sind (»Wie sollen wir vorhersehen, wie lange wir brauchen, wenn wir nicht einmal wissen, was genau wir machen sollen!?«)
- regelmäßig neue Aufgaben vorgezogen werden müssen
- dass das schwierige und volatile Marktumfeld keine gute Planung zulässt
- die Teammitglieder nicht motiviert arbeiten
- die Aufgabenverteilung im Team nicht funktioniert
- regelmäßig qualifiziertes Personal in andere Projekte abgezogen wird
- …

Unterschiedliche Erklärungen legen unterschiedliche Maßnahmen nahe. Wer die Aufgabenverteilung für das Problem hält, wird daran arbeiten wollen. Wer Personalabzüge als Ursache der schlechten Prognosen betrachtet, fordert eine stabilere Personalsituation und keine Teamentwicklungsmaßnahme. Teamentwickler sollten die Erklärungen, die sie seitens der Auftraggeber heraushören, hinterfragen (»Woran könnte es denn noch liegen?«, »Wenn ich XY fragen würde, woran es liegt, was würden die mir sagen?«, »Könnte es auch damit zu tun haben, dass …?«). Oft entstehen dann andere und häufig passendere Ideen für ein geeignetes Vorgehen.

Die Erklärung eines Problems beeinflusst dessen Bewertung. Wenn man sich die schlechten Prognosen durch ein volatiles und schwieriges Marktumfeld erklärt, fällt die Bewertung milder aus, als wenn man die Faulheit der Teammitglieder als ursächlich ansieht. Findet die Auftragsklärung mit mehreren Personen gleichzeitig statt, lohnt es sich, darauf zu achten, wo die beteiligten Auftraggeber unterschiedliche Erklärungen heranziehen.

Ziel

Im Rahmen der Auftragsklärung sollten die Beteiligten immer auch nach dem Ziel der Teamentwicklung gefragt werden. Die Ziele, die sie nennen, leiten sich in der Regel daraus ab, was sie als Problem betrachten und wie sie sich dieses erklären. Leiten die Beteiligten aus demselben Problem verschiedene Ziele ab, liegt das in der Regel an unterschiedlichen Erklärungen des Problems. Tom und Astrid sehen beide ein Problem in den schlechten Prognosen des Teams:

- Aus Toms Sicht liegt es aber an den zwischendurch hinzukommenden Aufgaben, dass das Team nicht schafft, was es sich vornimmt. Tom leitet das folgende Ziel ab: »Wir müssen verhindern, dass ungeplante Aufgaben hinzukommen, bevor wir die ursprünglich geplanten Arbeitspakete abgearbeitet haben.«
- Astrid sieht den Grund an anderer Stelle: »Nein, kurzfristig zu übernehmende Aufgaben wird es immer geben. Damit muss ein Team umgehen können. Die Prognosen sind schlecht, weil die Teammitglieder alle ihre eigenen Themenbereiche haben und sich nicht untereinander aushelfen, wenn es irgendwo eng wird. Das Team muss lernen, dass jedes Teammitglied auch Aufgaben aus anderen Themenbereichen übernimmt.« Sie erklärt sich die Situation durch eine suboptimale Aufgabenverteilung im Team und leitet daher ein anderes Ziel ab.

Bei der Zielfindung gilt es einen weiteren wichtigen Aspekt zu beachten: Oft lassen die Zielformulierungen dem Team nur wenig Spielraum, selbst geeignete Lösungen zu erarbeiten. Um den *Spielraum des Teams für die Zielerreichung* zu vergrößern, hilft es, nach der

Begründung eines im Raum stehenden Ziels zu fragen: »Angenommen, die Teammitglieder würden ihre Aufgaben gut verteilen, was wäre dann besser?« Antwort: »Dann würde es schaffen, was es sich vornimmt.« Nicht selten lohnt es sich, hier ein weiteres Mal zu fragen: »Wofür wäre es gut, wenn das Team schafft, was es sich vornimmt?« Antwort: »Naja, wir haben andere Abteilungen, die auf Zulieferungen des Teams angewiesen sind. Und wenn ich denen verspreche, ihre Zulieferungen bis dann und dann zu bekommen, stimmen sie ihre Personalplanung darauf ab.« Möglicherweise lautet ein Ziel für die Teamentwicklung am Ende: *Das Team soll wichtige Lieferzusagen an andere Teams einhalten, damit diese auf Grundlage dieser Zusagen ihren Personalbedarf planen können.* Teams sind häufig am besten in der Lage, für sich passende Lösungen zu (er)finden. Vorausgesetzt, sie haben ein sinnvolles Ziel mit entsprechendem Lösungsspielraum vor Augen und das damit zusammenhängende Problem verstanden. Im Rahmen der Auftragsklärung sollten Teamentwickler darauf achten, dass zu enge Zielformulierungen den Lösungsbereich nicht unnötig einengen – auch wenn man Auftraggeber von einer weiter gefassten Zielformulierung überzeugen muss.

Vorgehen

Hier ist das Vorgehen (Workshops, Einzelgespräche ...) gemeint, welches zum Ziel der Teamentwicklung führen soll. Die Auftraggeber kommen meistens schon mit einer Vorstellung zum Vorgehen auf den Teamentwickler zu (»Wir hätten gerne einen zweitägigen Teamentwicklungsworkshop, in dem die Teammitglieder mal auf ihre Aufgabenverteilung schauen ...«).

Die Vorgehensidee potenzieller Kunden ist mit Vorsicht zu betrachten. Erst wenn man die Probleme verstanden hat und sinnvolle Ziele herausgearbeitet wurden, lässt sich einschätzen, inwieweit welches Vorgehen passend ist. Teamentwickler sollten sich als *Experten der Vorgehensweisen im Rahmen von Teamentwicklung* betrachten. Daher müssen sie den Kunden nicht selten davon überzeugen, einen anderen Weg einzuschlagen.

Womöglich gelangen Teamentwickler und Auftraggeber im Rahmen der Auftragsklärung zu dem Ergebnis, nicht mit typischen Teamentwicklungsmaßnahmen zu starten. Manchmal scheint es sinnvoller, zunächst an Rahmenbedingungen anzusetzen (»Dann lass uns doch erst mal mit dem Management sicherstellen, dass das Team im laufenden Prozess nicht mit neuen Anforderungen konfrontiert wird.«) oder der Führungskraft ein Einzelcoaching anzubieten. (»Wir könnten auch erst mal im Vieraugengespräch überlegen, welche Optionen sie als Vorgesetzte haben, damit umzugehen, wenn Mitarbeiter bestimmte Aufgaben verweigern …«)

Ergänzend kann danach gefragt werden, welche Vorgehensweisen bereits ausprobiert wurden, um das Problem zu lösen, und welche Erfahrungen mit den Versuchen gemacht wurden. Aus den Antworten lassen sich dann oft Ableitungen für den Auftrag treffen. Aspekte, die gut funktioniert haben, kann man gegebenenfalls in sein Vorgehen einbauen. Und wenn man erfährt, weshalb Versuche in der Vergangenheit fehlgeschlagen sind, bewahrt einen das möglicherweise davor, mit denselben Lösungen zu scheitern. (»Wir haben schon mehrmals versucht, die Verantwortungsbereiche im Team besser aufzuteilen. Das hat das Problem aber nicht gelöst.«)

Zwischenfazit: Die erläuterten Unterscheidungen dienen als Kompass im Rahmen der Auftragsklärung. Wer auf Problem, Ziel und Vorgehen schaut und dabei Problembeschreibungen, -erklärungen und -bewertungen der Beteiligten erkennt und unterscheidet, begegnet vielen relevanten Aspekten, die es im Rahmen einer Auftragsklärung zu berücksichtigen gilt. In vielen Fällen lässt sich aus dieser Diagnose ein geeigneter Vorgehensvorschlag ableiten.

Neben temporären Teamentwicklern, die für einen spezifischen Anlass angefragt werden, können auch dauerhafte Teamentwickler vom hier vorgestellten Auftragsklärungskompass profitieren. Meldet sich das Team beim dauerhaften Teamentwickler (»Unsere Aufgabenverteilung funktioniert nicht!«), kann dieser das Anliegen aufdröseln: »Habt ihr ein Beispiel? Woran macht ihr fest, dass eure Aufgabenverteilung nicht funktioniert?«

Fragen, um Hinweise zur Anschlussfähigkeit zu erhalten

Die nachfolgenden Fragen dienen dem Zweck, relevante Bedenken oder vermeintliche »Widerstände« in Bezug auf die Teamentwicklung zu identifizieren. Abhängig von der Rolle (temporärer vs. dauerhafter Teamentwickler) und dem bisherigen Verhältnis zum Team (intensive Zusammenarbeit vs. keinerlei Kontakt) können die Fragen mehr oder weniger sinnvoll angewendet werden. Die Fragen sind also nicht als strikter Leitfaden zu verstehen, sondern eher als Werkzeugkasten, aus dem man je nach Situation die passende Frage entnehmen kann.

Wenn ich das Team fragen würde, was würden die mir sagen?
Wenn das Team nicht Teil der Auftragsklärung ist, lohnt es sich immer wieder, nach der vermuteten Sichtweise des Teams zu fragen, um potenzielle Befürchtungen oder Abwehrhaltungen zu erkennen: Würde das Team von sich sagen, dass es ein Problem mit schlechter Aufgabenverteilung hat? Wie wird das Team bewerten, dass ich als stiller Beobachter am nächsten Planungstermin teilnehmen soll? Angenommen, das Team hätte unser Gespräch hier und heute belauscht, wie hätte es wohl reagiert? Wer hätte wohl am meisten Probleme mit dem Vorgehen? Und warum? ... Oft ergeben sich durch diesen Perspektivenwechsel Ableitungen für das Vorgehen. (»Wir sollten das Team fragen, ob es Thema X überhaupt als Problem sieht, bevor wir dazu einen Workshop planen ...«)

Ist die Teamentwicklung freiwillig, erwünscht oder erzwungen?
Wie bereits erläutert, kann Teamentwicklung vom Management erzwungen werden (siehe S. 61 f.). Allerdings bedarf es dann eines besonders sensiblen Vorgehens, um Anschluss an das Team zu finden. (»Wie kann ich euch helfen, mich wieder loszuwerden?«) Entsprechend wichtig ist es, im Vorfeld zu wissen, ob das Team freiwillig an der Teamentwicklung teilnimmt, sich die Maßnahme vielleicht sogar wünscht oder dazu verdonnert wurde.

Möglicherweise weiß das Team noch gar nichts von der Idee einer Teamentwicklungsmaßnahme. Dann gilt es gemeinsam abzuwägen, inwieweit das Team selbst entscheiden darf, ob es Unterstützung durch einen Teamentwickler haben will. Wer dem Team die Wahl lässt, sollte ein Nein des Teams unbedingt akzeptieren. Im Nachhinein zu sagen, »Wenn ihr nicht wollt, dann müsst ihr jetzt halt«, untergräbt die eigene Glaubwürdigkeit massiv.

Welches Bild hat das Team von mir?
Wie in Kapitel 3.1 beschrieben, sollte der Teamentwickler mit dem Bild, das das Team von ihm hat, bewusst umgehen. Dafür muss er wissen, wie es ihn sieht. Kommt er als Retter in der Not oder als Kontrolleur? Sieht das Team in ihm einen kompetenten Psychologen, der auch die zwischenmenschlichen Herausforderungen angehen kann, oder einen angsteinflößenden Seelenklempner? Teams, die schlechte Erfahrungen mit Scrum-Verfechtern (»Bloß kein Methodenreiter!«) gemacht haben, reagieren eventuell skeptisch auf den neuen Scrum-Experten.

Es ist hilfreich, schon im Auftragsklärungsgespräch eine Einschätzung zu folgenden Fragen zu bekommen: Wie sollte ein Teamentwickler aus Teamsicht auf gar keinen Fall sein? Wenn sich das Team einen Teamentwickler aussuchen dürfte, wie wäre der? Was glaubt ihr, welches Bild hat das Team von mir?

Soll ein Teamentwickler von außen kommen, obwohl es schon einen Verantwortlichen für die Entwicklung des Teams gibt, fühlt sich letzterer möglicherweise in seiner Kompetenz entwertet. (»Wieso schicken die jetzt einen externen Teamentwickler für das Thema hier ins Team? Eigentlich ist das doch meine Aufgabe als Scrum Master/Teamleiter.«) Es empfiehlt sich dann, mit den Auftraggebern darüber nachzudenken, wie der Einsatz gegenüber der entsprechenden Person (z. B. dem Scrum Master des Teams) gesichtswahrend, aber bestenfalls ehrlich begründet werden kann. Zum Beispiel: »Wir wollen mal einen Blick von außen auf das Team.« Oder »Du bist ja Teil des Teams und sollst bei dem Thema deine eigene Meinung vertreten können. Der externe Teamentwickler kann daher besser die Rolle des neutralen Moderators einnehmen.«

Wie wird Teamentwicklung an sich gesehen?

Während Teamentwicklung inzwischen in vielen Unternehmen selbstverständlich dazugehört, gibt es auch Kontexte, in denen Teamentwicklung als Zeichen für Versagen gilt. (»Ein Team lässt sich nur von einem Teamentwickler begleiten, wenn es selbst nicht in der Lage ist, einen guten Job zu machen.«) So ist zumindest der Deutungsrahmen. Gegebenenfalls ist es dann für ein Team wichtig, einen Teamentwicklungsauftrag unter Verschluss zu halten. Vielleicht lässt sich mit der passenden Begründung einer negativen Interpretation entgegenwirken: »Ihr seid das erste Team, das hier Scrum einführt. Deswegen ist es effizienter, wenn ihr von Anfang an einen Scrum-Experten an Bord habt. Sicherlich würdet ihr das auch ohne externe Unterstützung hinbekommen, aber mit dieser geht es schneller.«

Fazit

Teamentwickler sollten Aufträge nicht unhinterfragt hinnehmen. Professionelle Auftragsklärung zeichnet sich dadurch aus zu wissen, wo man hinschauen sollte, um ein geeignetes Vorgehen vorschlagen zu können. Dafür sollte zunächst das Anliegen gut verstanden werden im Hinblick auf Problem, Ziel und Vorgehen. So sinnvoll ein Vorgehen inhaltlich auch wäre – wer nicht ans Team anschließen kann, wird nicht wirksam sein. Daher gilt es im Rahmen der Auftragsklärung auch, nach zu berücksichtigenden Befürchtungen und Vorbehalten des Teams zu fragen.

4.3 Wann sollte ich einen Auftrag ablehnen?

Gedanken eines Teamentwicklers: Der Workshop darf laut Auftraggeber nur zwei Stunden dauern. Puh, das wird sportlich. Ich hätte mindestens vier Stunden angesetzt ... Das klingt nach viel Spannung im Team. Bräuchte es dafür nicht eigentlich einen ausgebildeten Mediator? ... Ziel der Teamentwicklung ist, das agile Mindset zu fördern. Ich glaube nicht daran, dass das ein sinnvoller Auftrag ist ... Immer wieder stehe ich vor der Frage, ob ich einen Auftrag annehme oder besser ablehne. Gerade als interner Teamentwickler verspüre ich einen Druck zuzusagen ... Aber ein gutes Gefühl dabei habe ich nicht.

Das Wichtigste zuerst: Ein guter Teamentwickler weiß, wann er einen Auftrag ablehnen sollte. Aufträge anzunehmen, die zum Scheitern verurteilt sind, wäre hochgradig unprofessionell. Oft ist es aber nicht so eindeutig. Erfolg lässt sich nicht zu einhundert Prozent vorhersagen. Man spricht also besser von Erfolgsaussichten oder Erfolgswahrscheinlichkeiten. Einschätzen zu können, wie Erfolg versprechend ein Auftrag ist, ist eine wichtige Kompetenz des Teamentwicklers, die vor allem durch zunehmende Erfahrung wächst.

Die folgenden drei Punkte sprechen grundsätzlich dafür, einen Auftrag abzulehnen:

- *Der Auftrag passt nicht zum Angebot des Teamentwicklers:*
  Wer sich nicht mit Scrum auskennt, sollte sich nicht als Scrum-Experte anbieten. Wer als durchsetzungsstarker Antreiber gefragt ist, aber seine Stärken als empathischer Zuhörer ganz woanders sieht, sollte den Auftrag ablehnen. (»Dem Team den Spiegel vorzuhalten ist für mich okay, nicht aber, als Eintreiber hinter ihm zu stehen.«). Möglicherweise erfährt man im Rahmen einer Auftragsklärung von hochgradig eskalierten Konflikten, die es unter dem Stichwort Teamentwicklung zu

lösen gilt. Wer nicht zugleich ausgebildeter Mediator ist, wird hier vermutlich nervös. Es gehört dann zur Professionalität des Teamentwicklers, dem Auftraggeber nahezulegen, sich anderweitig nach Unterstützung umzuschauen: »So wie ich Ihre Situation einschätze, handelt es sich um einen ausgewachsenen Konflikt. Ich würde mir an Ihrer Stelle einen erfahrenen Mediator suchen und damit nicht allzu lange warten.« Einen Auftrag abzulehnen, wirkt oft vertrauensfördernd. (»Der nimmt nicht einfach alles an, sondern nur das, was er auch kann.«)

- *Wichtige Rahmenbedingungen sind nicht erfüllt:*
  Manchmal kann beispielsweise keine Teamentwicklung stattfinden, weil die Teams ohnehin massiv überlastet sind. Wird im Rahmen der Auftragsklärung deutlich, dass eine Entlastung des Teams keine realistische Option ist und die Teamentwicklung quasi nebenbei erfolgen soll, ist Vorsicht angebracht. Wer als Teamentwickler keine gemeinsame Zeit mit dem Team für Workshops oder Ähnlichem bekommt, wird seinen Auftrag nicht ausführen können. Wenn im Rahmen der Auftragsklärung deutlich wird, dass ein Team massive Widerstände gegen Teamentwicklungsmaßnahmen hat und in der Vergangenheit nicht einmal bereit war, an einem Auftakttermin teilzunehmen, wird es ebenfalls schwer. Teamentwickler könnten dem Auftraggeber dann raten, klare Erwartungshaltungen an das Team zu kommunizieren, um es zu einer Teilnahme zu bewegen. Womöglich entsteht dann unter Zwang die »Bereitschaft«, an Teamentwicklungsmaßnahmen teilzunehmen. Hier muss jeder Teamentwickler selbst wissen, inwieweit er in Zwangskontexten arbeiten will und kann. Die Arbeit mit freiwilligen Teilnehmern ist leichter. Was nicht heißen soll, dass erfolgreiche Teamentwicklungsmaßnahmen nicht auch unter Zwang beginnen können. Die Kunst ist dann, einen vertrauensvollen Draht zum Team aufzubauen (S. 61 f.).
- *Man findet mit dem Auftraggeber keinen gemeinsamen Nenner:*
  Der Auftraggeber will Trainings, um einem Team ein agiles Mindset »beizubringen«. Man selbst hält aber nichts davon zu versuchen, Menschen ein Mindset anzutrainieren. Der Auftraggeber wünscht sich, in seinem Team Scrum einzuführen, aber aus Sicht des Teamentwicklers ist Scrum im Kontext des betreffenden Teams nicht sinnvoll. Der Auftraggeber möchte

eine Mediation im Team, aber dafür maximal einen Nachmittag investieren. Als Teamentwickler schätzt man den Zeitbedarf für das Anliegen auf zwei Tage. Teamentwickler sollten sich klar darüber sein, in welchen Punkten sie dem Auftraggeber entgegenkommen können und was für sie nicht verhandelbar ist. Wieso sollte der Auftraggeber besser als der mediationserfahrene Teamentwickler wissen, wie viel Zeit für eine Teammediation notwendig ist? Am Ende müssen sich beide Seiten, Teamentwickler und Auftraggeber, auf ein Vorgehen einigen, damit ein Auftrag zustande kommt. Als Teamentwickler kann man sich den Vorstellungen des Auftraggebers ein Stück weit annähern. In vielen Fällen vertraut auch der Auftraggeber auf die Expertise des Teamentwicklers und folgt seinem Vorschlag. Gelegentlich findet sich aber kein gemeinsamer Nenner. Ein Auftrag findet dann nicht statt.

Sowohl externe Teamentwickler, zum Beispiel Freiberufler, als auch interne Teamentwickler können gelegentlich unter erheblichem Druck stehen, einen Auftrag anzunehmen: Während externe Entwickler möglicherweise aus finanziellen Gründen auf den Auftrag angewiesen sind, sind interne Entwickler an Weisungen gebunden. Externe Teamentwickler sollten besonders vorsichtig sein, wenn es um die Annahme von *Aufträgen mit geringen Erfolgsaussichten* geht. Ein gescheiterter Auftrag kann den Ruf dauerhaft schädigen. Auch interne Teamentwickler haben einen Ruf zu wahren und obwohl sie letztendlich weisungsgebunden sind, haben sie oft dennoch die Möglichkeit, Aufträge abzulehnen. Zumindest können sie unmissverständlich darauf hinweisen, dass ein Auftrag unter bestimmten Bedingungen keine oder nur minimale Aussicht auf Erfolg bietet und ggf. sogar Schaden anrichtet.

Fazit

Passt ein Auftrag nicht zu den Kompetenzen des Teamentwicklers, sind notwendige Rahmenbedingungen nicht gegeben oder findet man keinen gemeinsamen Nenner mit dem Auftraggeber, sollte der Auftrag abgelehnt werden. Es gehört zur Professionalität eines Teamentwicklers, auf einen Auftrag mit geringen Erfolgsaussichten zu verzichten. Ein deutliches »Nein, unter den Bedingungen wird das nicht funktionieren« wissen Auftraggeber in der Regel zu schätzen.

5 Themen und Ziele der Teamentwicklung

Wie in Kapitel 1.2 definiert, zielt Teamentwicklung darauf ab, durch eine bessere Zusammenarbeit der Teammitglieder die Leistungsfähigkeit eines Teams zu steigern. Worin genau sich ein Team aber entwickeln will oder soll, unterscheidet sich häufig sehr. Das Recruiting-Team will den Zeitraum zwischen Empfang der Bewerbung und Jobangebot (bzw. Absage) verkürzen, das IT-Team will die Wissensinseln im Team reduzieren, und das Vertriebsteam will mehr aus gegenseitigem Feedback lernen. Teamentwicklung kann also an unterschiedlichen Aspekten ansetzen.

Ich unterscheide im Folgenden die beiden Begriffe Teamentwicklungs*thema* und Teamentwicklungs*ziel*. Beide Begriffe beantworten die Frage, woran ein Team arbeitet, wenn es sich entwickeln will oder soll:

- *Teamentwicklungsthemen* sind Aspekte, an denen das Team arbeitet, um sich zu verbessern (z. B. an ihrem Planungsmeeting). Wie lange daran gearbeitet wird, steht meist nicht fest. Sobald das Team mit der Verbesserung in dem Thema zufrieden ist, hört es auf, daran zu arbeiten. Oft werden andere Themen wichtiger, und ein Teamentwicklungsthema gerät deswegen aus dem Fokus. Manchmal stellt sich heraus, dass ein Teamentwicklungsthema nur schwer zu beeinflussen ist, sodass sich das Team andere Themen sucht. Teamentwicklungsthemen resultieren häufig aus Teilaufträgen. (»Kannst du mit uns mal was zum Thema Feedback machen?«)
- *Teamentwicklungsziele* sind zukunftsgerichtet und stabiler. Sie werden gesetzt, um eine mittel- oder langfristige Orientierung zu schaffen. (Worin wollen wir in einem Jahr besser sein?) Unabhängig von den Entwicklungen des Tagesgeschäfts sollen Teamentwicklungsziele für einen gewissen Zeitraum bestehen bleiben und das Team ausrichten: »Wir hatten uns doch vorgenommen, bis Ende des Jahres den Zeitraum zwischen dem Empfang der Bewerbung und einer Zu- oder Absage zu verkürzen. Wie sieht es damit nun aus? Greifen unsere Maßnahmen? Müssen wir noch mal nachjustieren?« Um ein Teamentwick-

lungsziel zu erreichen, kann an verschiedenen, auf das Ziel einzahlenden Teamentwicklungsthemen gearbeitet werden. Soll die durchschnittliche Entwicklungszeit für Softwarefeatures verkürzt werden (= Teamentwicklungsziel), könnte sich das Team erst damit beschäftigen, wie es Features kleiner schneiden kann (= Teamentwicklungsthema), und anschließend, wie es Flaschenhälse besser erkennt und ausräumt (= Teamentwicklungsthema).

Hier noch ein Hinweis, um begrifflicher Verwirrung vorzubeugen. *Temporäre* Teamentwickler werden im Rahmen der Hauptauftragsklärung immer nach dem *Ziel* der Teamentwicklung fragen. Nicht immer erhalten sie dann aber ein Teamentwicklungsziel im hier definierten Sinne. Häufig werden sie stattdessen auf die Frage nach dem Ziel ein Teamentwicklungs*thema* erhalten: »Arbeite mit dem Team an der Aufgabenverteilung. Da gibt es immer wieder Reibungen.«

Wir beschäftigen uns zunächst mit der Frage, ob alle Teams Teamentwicklungsziele benötigen (Kap. 5.1), und anschließend mit dem Szenario, dass es Teamentwicklungsziele gibt, die kaum oder gar keine Wirkung entfalten, weil sich niemand an ihren orientiert (Kap. 5.2). Danach behandeln wir die Frage, ob Teamentwicklungsziele vom Management gesetzt werden sollten (Kap. 5.3). Manchmal liegen weder Teamentwicklungsziele noch Teamentwicklungsthemen vor. Dann steht die Frage im Raum, woran im Rahmen der Teamentwicklung gearbeitet werden soll (Kap. 5.4).

5.1 Brauchen Teams Teamentwicklungsziele?

Gedanken eines Teamentwicklers: Wir nehmen uns regelmäßig Zeit, unsere Zusammenarbeit zu reflektieren, und arbeiten an den Themen, die gerade anliegen. Neulich erst haben wir unseren Planungstermin umorganisiert. Für kommende Woche haben wir uns vorgenommen, noch mal auf unsere Aufgabenverteilung zu schauen. Von Teamentwicklungszielen würde ich aber nicht sprechen. Was heute im Fokus steht, kann nächste Woche schon wieder vom Tisch sein. Wir springen von Anliegen zu Anliegen, aber ein längerfristiges Ziel zur Teamentwicklung wie »In einem Jahr wollen wir zwanzig Prozent weniger Fehler produzieren« haben wir nicht. Ist das normal? Wenn ich so darüber nachdenke, kommt es mir komisch vor, dass wir keine Teamentwicklungsziele haben ...

Niklas Luhmann (1973, S. 192) bezeichnet Ziele auch als Scheuklappen der Organisation. Genauso wie die Scheuklappen bei Pferden verhindern, dass sie von der Seite abgelenkt werden, sollen Ziele verhindern, dass sich Organisationen beziehungsweise Organisationseinheiten wie Teams allzu leicht von ihrem Weg abbringen lassen. Teamentwicklungsziele sorgen dafür, dass ein Fokus über einen längerfristigen Zeitraum bestehen bleibt. (»Wir konzentrieren uns in den nächsten Monaten darauf, unsere Fehlerquote zu reduzieren, und stellen alles andere erst mal nach hinten.«) So die Idee.
In diesem Sinne können *Ziele als Mittel zur Reduzierung der Komplexität* verstanden werden. Anstatt ständig abwägen zu müssen, in welchen Bereichen sich ein Team verbessern will, legt es sich für einen längeren Zeitraum auf einzelne Teamentwicklungsziele fest und lässt andere potenzielle Entwicklungsbereiche (z. B. Umsetzungsgeschwindigkeit, Prognosefähigkeit, Feedbackkultur, Umgang mit Entscheidungen ...) erst einmal außen vor. Zwei wesentliche *Vorteile* resultieren aus dieser Fokussierung:

- *Sie schafft Kontinuität:* Der längerfristige Fokus durch Teamentwicklungsziele verhindert, sprunghaft an immer wieder ganz unterschiedlichen Teamentwicklungsthemen zu arbeiten und am Ende nirgends richtig voranzukommen. Gerade größere Entwicklungsvorhaben setzen oft ein nachhaltiges Dranbleiben voraus, was durch Teamentwicklungsziele unterstützt werden kann. Vergleichbar mit dem Erlernen einer neuen Sprache lassen sich bestimmte Teamkompetenzen nur über einen längeren Zeitraum der kontinuierlichen Zuwendung aneignen.
- *Sie reduziert Aushandlungsaufwände:* Wenn Teamentwicklungsziele von allen akzeptiert sind und über einen längeren Zeitraum gelten, muss nicht ständig darüber entschieden werden, woran im Rahmen der Teamentwicklung gearbeitet werden soll. Längerfristige Teamentwicklungsziele (»Wir konzentrieren uns jetzt erst mal auf ...«) reduzieren den Aufwand für entsprechende Abwägungen und Diskussionen.

Eine längerfristige Fokussetzung durch Teamentwicklungsziele birgt aber auch *Gefahren:*

- *Sie erzeugt blinde Flecke:* Wenn man etwas fokussiert, wird das Nichtfokussierte unscharf. Oder um bei Luhmanns Eingangsmetapher zu bleiben: Die Scheuklappen vergrößern den blinden Fleck. Wer sich darauf konzentriert, die Fehlerquote zu verringern, verliert womöglich die Umsetzungsgeschwindigkeit aus dem Blick. Wenn ein Team nun beispielsweise jeden Arbeitsschritt dreifach kontrolliert, um bloß keinen Fehler zu machen, bremst es sich womöglich über die Maße aus. Häufig entsteht dieser blinde Fleck unbemerkt.
- *Sie kann Fehlausrichtungen fördern:* Manchmal nehmen Teams die negativen Konsequenzen einer einseitigen Zielausrichtung aber auch wider besseres Wissen (und Gewissen) in Kauf, um ihrem Ziel näherzukommen. Dieses Risiko ist vor allem dann hoch, wenn das Teamentwicklungsziel eine hohe Anreizwirkung auf das Team ausübt, weil es zum Beispiel an Bonuszahlungen gekoppelt ist oder vom Management als zentraler Maßstab zur Bewertung der Teamleistung herangezogen wird. Will das Recruiting-Team unbedingt sicherstellen, dass kein Bewerber länger als zwei Wochen auf eine definitive Zu- oder Absage warten muss, könnte das im schlimmsten Fall dazu führen, aussichtsreichen Kandidaten abzusagen, nur um das festgelegte Ziel zu erreichen. Bevor sich ein Team auf ein Ziel ausrichtet, ist es sinnvoll, nach potenziellen *Zielkonflikten* zu suchen, um diese im Auge behalten zu können: Wozu darf eine Verringerung der Fehlerquote nicht führen? Gegebenenfalls bewirkt die Diskussion dann eine Anpassung der Zielformulierung (Verringerung der Fehlerquote bei gleichzeitiger Beibehaltung der aktuellen Umsetzungsgeschwindigkeit). Aber auch hier gilt es aufzupassen: Würde die Zielformulierung am Ende lauten, bei gleichbleibender Qualität und Umsetzungsgeschwindigkeit sowohl die Prognosefähigkeit zu erhöhen als auch die Fehlerquote zu senken, käme kein echter Fokus zustande, und die komplexitätsreduzierende Wirkung eines Ziels würde damit auch nicht eintreten. Wenn alles wichtig ist, ist nichts wichtig.
- *Sie signalisiert Stabilität, wo vielleicht keine ist:* Wer sich ein Jahresziel setzt, geht davon aus, dass das Ziel in den nächsten

zwölf Monaten von Relevanz sein wird. Aber natürlich kann eine Veränderung der Situation dazu führen, dass Ziele angepasst werden müssen. Wenn beispielsweise aufgrund einer strategischen Unternehmensentscheidung ein Großteil der offenen Stellen gestrichen wurde, ist das Ziel des Recruiting-Teams, mindestens zehn Kandidaten pro Monat einzustellen, möglicherweise nicht mehr sinnvoll. Es gilt, die gesetzten Ziele regelmäßig zu hinterfragen. Müssen Ziele allerdings häufig modifiziert werden, verfehlen sie ihren Zweck einer langfristigen Ausrichtung. Ein Ziel, das ständig angepasst wird, verdient den Begriff nicht mehr, weil Ziele Beständigkeit voraussetzen (Kühl 2015, S. 106). Es lohnt sich also, schon bei der Wahl eines Ziels gut abzuschätzen, inwieweit ein Ziel in naher Zukunft überholt sein könnte. Wer schon im Vorfeld damit rechnet, dass ein Ziel schnell an Relevanz verlieren wird, sollte es gar nicht erst ausrufen.

Können Teamentwicklungsziele hilfreich sein? Ja, vorausgesetzt, sie sind gut gewählt, und die potenziellen Gefahren werden berücksichtigt. Brauchen immer alle Teams Teamentwicklungsziele? Nein, nicht unbedingt. Teams können sich auch kontinuierlich weiterentwickeln, wenn sie in kurzen Zyklen (z. B. im Zweiwochentakt) auf sich und ihre Entwicklung als Team schauen. In agilen Kontexten bietet dafür beispielsweise die *Retrospektive* den Rahmen. Bei diesem regelmäßig stattfindenden ein- bis dreistündigen Termin trifft sich das ganze Team und reflektiert: Was lief in den letzten Wochen gut? Was weniger gut? Was wollen wir in Zukunft beibehalten? Und was anders machen?

Die Maßnahmen, die sich ein Team dann vornimmt, gilt es einige Wochen später zu überprüfen: Haben wir die Maßnahme wie geplant umgesetzt? Wenn ja, mit welchem Effekt? Müssen wir nachsteuern? Sollen wir an dem Thema weiter dranbleiben? Teams, die regelmäßig sinnvolle Maßnahmen zur Verbesserung der Zusammenarbeit im Team beschließen und konsequent prüfen, ob diese fruchten, können sich, ganz ohne mittel- oder langfristige Ziele, in hohem Tempo weiterentwickeln. Dass das aber genau so passiert, ist alles andere als selbstverständlich. Teams, die zwar regelmäßig Retrospektiven abhalten, aber nicht nach ernsthaften Optimierungspotenzialen suchen oder an ihren Vorhaben nicht konsequent dranbleiben, können lange auf der Stelle stehen. Wie man als Teamentwickler zu signifikanten Veränderungen beiträgt, behandeln wir ausführlich in Kapitel 6.

> **Fazit**
>
> Teamentwicklungsziele, die einen längerfristigen Fokus setzen, können hilfreich sein. Vor allem größere Teamentwicklungsvorhaben erfordern oft ein nachhaltiges Dranbleiben, was durch Ziele unterstützt werden kann. Zudem verhindern sie, dass immer wieder geklärt werden muss, woran im Rahmen der Teamentwicklung gearbeitet wird. Dennoch sind Teamentwicklungsziele für die Teamentwicklung nicht zwingend erforderlich. Teams können sich auch durch eine schrittweise Bearbeitung verschiedener Teamentwicklungsthemen kontinuierlich weiterentwickeln. Wer Teamentwicklungsziele einsetzt, sollte in jedem Fall ihre Risiken kennen.

5.2 Wir haben zwar Teamentwicklungsziele, aber niemand orientiert sich daran. Wie kann das sein?

Gedanken eines Teamentwicklers: Wir setzen uns Ziele für die Teamentwicklung, aber schon nach kurzer Zeit, manchmal sogar nach wenigen Tagen, sind sie in Vergessenheit geraten. Wenn wir dann später auf die Ziele zurückblicken, passen sie oft nicht mehr zu unserer aktuellen Situation. Manchmal reden wir uns im Nachhinein ein, uns tatsächlich den Zielen entsprechend entwickelt zu haben. Wir entdecken immer etwas, das sich als Erfolg auslegen lässt, aber im Grunde genommen hätten wir das auch ohne spezifische Zielformulierung erreicht. Insgeheim glaube ich nicht, dass die Ziele uns etwas bringen. Wie kann es sein, dass die Ziele so schnell an Bedeutung verlieren? …

Gesetzte Ziele haben eine nicht unerhebliche Tendenz, in Vergessenheit zu geraten. In groß angelegten Ziel- oder Strategieworkshops werden Ziele aufwendig erarbeitet, die dann nach einigen Wochen schon wieder völlig aus dem Fokus sind. Wer ernsthaft mit Teamentwicklungszielen arbeiten möchte, sollte schon bei der Wahl und Formulierung einige Punkte beachten.

Nehmen wir einmal an, in einem Zielfindungsworkshop mit dem Team (oder dem Management) wird folgende Frage in den Raum gestellt: Was könnten sinnvolle Teamentwicklungsziele sein? Die Teilnehmer werden eingeladen, Vorschläge zu äußern, und es werden verschiedene Punkte genannt (Abb. 2).

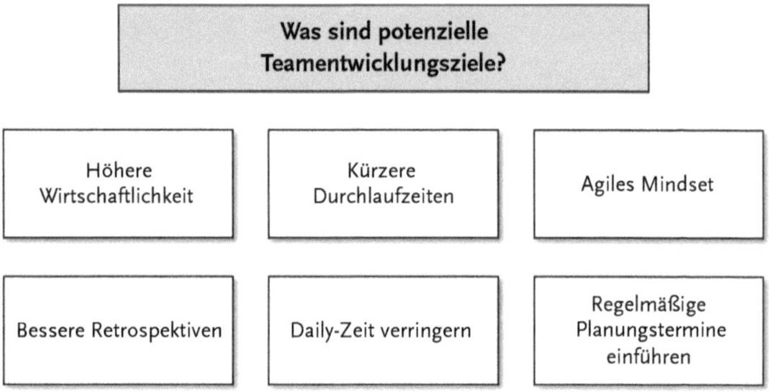

Abb. 2: Ergebnisse eines Brainstormings potenzieller Teamentwicklungsziele

Wenn wir uns die Vorschläge anschauen, wird eine Herausforderung deutlich: Die Vorschläge liegen auf unterschiedlichen Ebenen. Einige sind relativ konkret (z. B. »Regelmäßige Planungstermine einführen«), während andere Vorschläge für Ziele noch viel Spielraum lassen, wie sie erreicht werden sollen (»Höhere Wirtschaftlichkeit«). Teamentwickler stehen vor diversen Fragen: Sind konkrete Zielformulierungen (»Planungstermin auf eine Stunde beschränken«) überhaupt als Ziele im Sinne einer längerfristigen Ausrichtung geeignet? Sind globalere Ziele (»Wir wollen effizienter werden«) besser? Oder liegt die Wahrheit in der Mitte (»Wir wollen Meetings verkürzen«)? Ist »Meetings verkürzen« eher ein Mittel zur Erreichung eines Ziels (z. B: »Effizienter werden«) und damit kein echtes Ziel?

Tatsächlich kann jedes Ziel immer auch als Mittel für ein höheres Ziel verstanden werden (Kühl 2016, S. 25). »Agil werden« lässt sich als Ziel und als Mittel für ein übergeordnetes Ziel wie »Schneller auf Anforderungen im Markt reagieren« betrachten. Schnellere Reaktionen am Markt können ihrerseits als Mittel für höheren Profit dienen und selbst höherer Profit ließe sich beispielsweise als Mittel zur Befriedigung von Konsumbedürfnissen betrachten. Ob etwas Ziel oder Mittel ist, liegt im Auge des Betrachters. Die wichtige Frage lautet: Auf welcher Ebene (von sehr konkret bis sehr allgemein) befinden sich geeignete Zielformulierungen, die dem Team Orientierung geben und einen Unterschied im Handeln machen.

Ziele dürfen nicht zu allgemein formuliert sein

Eine zu allgemeine Zielformulierung hat keine Wirkung. Wirtschaftlichkeit als Ziel ist wenig hilfreich, weil es für das Team *keinen Unterschied im konkreten Handeln* macht. Wenn sowieso alles in der Organisation direkt oder indirekt auf »höhere Wirtschaftlichkeit« einzahlen soll, ist das fürs Team nicht handlungsrelevant. Ein Team wird mit diesem neuen Ziel vermeintlich nichts anders machen als zuvor. Daher bleibt die Orientierung stiftende Funktion von Zielen aus. Bevor sich die Teilnehmer auf ein Ziel einigen, hilft es, die folgenden *Prüffragen* zu stellen:

- Würde sich das Ziel auf euer Handeln auswirken?
- Könntet ihr mithilfe dieser Zielformulierung besser entscheiden, welche Maßnahmen (Teamentwicklungsthemen) ihr anpackt und welche nicht?

Lautet die Antwort »nein«, ist das Ziel vermutlich zu allgemein formuliert.

Hat ein Team keine Antwort auf die Frage, woran es erkennen könnte, das Ziel erreicht zu haben oder ihm zumindest nähergekommen zu sein, weist dies auch auf eine zu allgemeine Zielsetzung hin. Die Erreichung sehr allgemeiner Ziele lässt sich auf Teamebene oft nicht sinnvoll messen. So kann man den Profit eines Unternehmens nur in den seltensten Fällen präzise auf den Beitrag einzelner Teams zurückrechnen.

Wer im Rahmen der Zielfindung nach Indikatoren für die Zielerreichung fragt, stellt häufig auch fest, dass die Beteiligten unter derselben Zielformulierung ganz unterschiedliche Dinge verstehen: Während ein Teil des Teams den Grad der Agilität an geringeren Durchlaufzeiten festmacht, ist für andere eine geringe Anzahl von Entscheidungen des Chefs ein Zeichen dafür, agiler geworden zu sein. Bestenfalls werden gravierende Verständnisunterschiede schon geklärt, bevor man sich auf ein Ziel einigt.

Ziele dürfen nicht zu konkret formuliert sein

Sehr konkrete Zielformulierungen (z. B.: »Termin zur gemeinsamen Wochenplanung einführen«) verhindern zwar größere Missverständnisse zwischen den Teammitgliedern und machen einen Unterschied im Handeln, allerdings richten sie das Team nicht längerfristig aus.

Teamentwicklungsziele werden gesetzt, um den *Teamentwicklungsaktivitäten über Monate eine Richtung zu geben.* Ist der Termin einmal etabliert, wird die Orientierung stiftende Funktion des Ziels überflüssig. Möglicherweise stellt sich auch heraus, dass der wöchentliche Planungstermin nicht den erhofften Nutzen bringt. In diesem Fall würde das Ziel nicht weiterverfolgt werden und damit ebenfalls seine ausrichtende Funktion verlieren. Liegt der Fokus schon zu sehr auf einer konkreten Maßnahme, kann ich als Teamentwickler nach den erwünschten Funktionen der Maßnahme fragen: »Wofür wollt ihr den Planungstermin machen?« → »Uns fallen immer wieder wichtige Aufgaben hinten runter. Deswegen brauchen wir einen wöchentlichen Planungstermin.« Etwas allgemeiner und besser formuliert lautet das Ziel: »Sicherstellen, dass die wichtigsten Aufgaben nicht hinten runterfallen«. Selbst wenn der wöchentliche Planungstermin nicht fruchten sollte, bleibt das Ziel bestehen. Möglicherweise findet das Team dann andere Maßnahmen, um dieses Ziel zu erreichen. Teamentwicklungsziele, die die Entwicklung eines Teams mittel- bis langfristig ausrichten, lassen also Spielraum für unterschiedliche Maßnahmen offen.

Die Wahl des Ziels ist nur ein Teil der Lösung. Ebenso wichtig ist es, das Ziel regelmäßig in die Kommunikation bringen. Wann also wird darüber gesprochen, inwieweit die geplanten Maßnahmen zur Zielerreichung erfolgreich sind und das Team dem Ziel näherkommt? Sobald sich ein Team auf ein oder mehrere Teamentwicklungsziele geeinigt hat, sollte man fragen: »Wann und wie werdet ihr überprüfen, ob ihr dem Ziel nähergekommen seid?« Durch *Reflexionszeitpunkte* wird die Ernsthaftigkeit des Ziels betont. Das gesetzte Ziel bleibt durch die regelmäßige Erinnerung im Fokus.

Fazit

Damit Teamentwicklungsziele langfristige Auswirkungen entfalten können, ist es wichtig, sie weder zu allgemein noch zu konkret zu formulieren. Personen, die Ziele entwickeln oder den Prozess begleiten, achten daher besonders auf eine passende Formulierung. Andernfalls besteht die Gefahr, dass Ziele ihre Funktion verlieren und dann schnell in Vergessenheit geraten. Folgende *Prüffragen* helfen dabei, geeignete Teamentwicklungsziele zu finden:

- Wird sich das Ziel auf das Handeln des Teams auswirken?
- Lässt sich mit der Zielformulierung besser entscheiden, welche Maßnahmen angepackt werden und welche nicht?
- Gibt es eine Antwort auf die Frage, wie das Team bestimmen kann, ob das Ziel erreicht wurde oder ihm zumindest nähergekommen ist?
- Lässt das Ziel noch Spielraum für unterschiedliche Maßnahmen offen?
- Wird das Ziel das Team längerfristig ausrichten?

Zudem sollen frühzeitig Reflexionszeitpunkte eingeplant werden, um den Grad der Zielerreichung zu überprüfen.

5.3 Kann und sollte das Management Teamentwicklungsziele vorgeben?

Gedanken eines Teamentwicklers: Würde das Management klare Teamentwicklungsziele setzen, so würde das Team motivierter an der eigenen Weiterentwicklung arbeiten. Dann müsste ich nicht immer der sein, der das Team dazu überredet, überhaupt agil werden zu wollen (oder: kürzere Durchlaufzeiten anzustreben/die Kundenzufriedenheit zu erhöhen/...). Gleichzeitig frage ich mich, ob es übergriffig ist, wenn das Management die Ziele der Teamentwicklung vorgibt. Schließlich soll das Team möglichst eigenverantwortlich arbeiten ...

Manch ein Teamentwickler wünscht sich vom Management klar ausgesprochene Teamentwicklungsziele. Dieser Wunsch entsteht meist dann, wenn Teamentwickler ein Team in eine bestimmte Richtung entwickeln sollen, das Team aber gar kein Interesse an der Entwicklung hat. Man denke an den Scrum Master, der auf Granit beißt, weil sein Team gar nicht nach Scrum arbeiten will. Er kann für die Scrum-Praktiken werben und versuchen, das Team von Scrum zu überzeugen, seine Möglichkeiten sind aber begrenzt.

Wenn nun Vertreter des Managements von einem Team mit allem Nachdruck einfordern, sich die Scrum-Praktiken anzueignen, ist das eine andere Situation. Zumindest in einer hierarchisch strukturierten Organisation besitzt das Management in der Regel andere Durchsetzungsmöglichkeiten. Teamentwicklungsziele vonseiten des Managements können (extrinsisch) motivierend auf das Team einwirken und dem Teamentwickler das Leben erleichtern. Wie sich Nachdruck vonseiten des Managements auf die Veränderungsbereitschaft des Teams auswirken kann und welche Rolle der Teamentwickler dabei spielt, haben wir bereits behandelt (siehe S. 61 f.). Daher an dieser Stelle in aller Kürze: Kommt der Entwicklungsdruck vom Management und nicht vom Teamentwickler selbst, ist es für Letzteren einfacher, ans Team anzuschließen.

Wenn der Teamentwickler das Team selbst unter Druck setzt (»Ihr müsst agiler werden, weil ...«), entsteht oft eine Abwehrreaktion seitens des Teams, die den Teamentwickler in eine schwierige Lage bringt. Anders sieht es aus, wenn man sich als Teamentwickler auf die Seite des Teams stellen kann: »Ich weiß, ihr haltet nichts von Agilität. Ich verstehe auch, dass es ätzend ist, sich mit etwas auseinandersetzen zu müssen, von dem man nichts hält. Wenn ich euch richtig verstehe, glaubt ihr nicht daran, dass euer Management bei dem Thema locker lassen wird!? Ich kann euch anbieten, mal zu schauen, ob wir einen Weg finden, der für euch passt und gleichzeitig das Management zufriedenstellt ...«

Es gibt weitere Argumente, die für Teamentwicklungsziele vom Management sprechen. So kann das Management *mit Teamentwicklungszielen einen Bezug zu übergeordneten Zielen oder einer Strategie herstellen*. Nehmen wir an, das Gesamtunternehmen möchte zukünftig nicht mehr nur Massenproduktion betreiben, sondern auch maßgeschneiderte Lösungen für spezifische Kunden ermöglichen. Damit dies gelingt, muss das Konzeptentwicklungsteam lernen, in kurzer Zeit kundenspezifische Lösungskonzepte zu entwerfen. Ein vorgegebenes Teamentwicklungsziel könnte folgendermaßen lauten: »Entwickelt und verprobt einen Ansatz, der es euch ermöglicht, eure Konzeptionszeit von bisher durchschnittlich drei Monaten auf zwei Wochen zu reduzieren. Dabei müsst ihr in der Lage sein, die spezifischen Bedürfnisse einzelner Kunden schnell zu erfassen und in ein kundenspezifisches Lösungskonzept zu übersetzen.« Das vorgegebene Ziel des Managements richtet das Team auf die Gesamtstrategie aus.

Teamentwicklungsziele seitens des Managements sind auch hilfreich, wenn *verschiedene Teams gleichzeitig auf ein übergreifendes Ziel hinarbeiten* müssen. Stellen wir uns vor, das Konzeptentwicklungsteam folgt den Zielen des Managements und entwickelt in kurzer Zeit maßgeschneiderte Konzepte für bestimmte Kundenlösungen. Auf der anderen Seite bleibt das Produktionsteam jedoch bei der alten Vorgehensweise und konzentriert sich weiterhin auf Massenproduktion. Es hat nicht gelernt, die Produktion schnell auf Einzelfertigung umzustellen. Dadurch bleiben die Konzepte des Konzeptentwicklungsteams ungenutzt. Um die Unternehmensstrategie umzusetzen, sind sowohl maßgeschneiderte Konzepte als auch die Umstellung auf Einzelfertigung erforderlich. Solange eines der beiden Teams nicht mitzieht, wird die gewünschte Wirkung nicht eintreten. Hier hätte ein Teamentwicklungsziel für das Produktionsteam (z. B.: »Lernt innerhalb von drei Werktagen zwischen Einzelfertigung und Massenproduktion zu wechseln«) geholfen.

Sollte das Management Teamentwicklungsziele vorgeben, gilt es, darauf zu achten, dass diese, wie in Kapitel 5.2 beschrieben, weder zu allgemein noch zu konkret formuliert sind. Die Art der Zielformulierung bestimmt über den verbleibenden Gestaltungsfreiraum für das Team. Ein Ziel wie »Prognosefähigkeit erhöhen« lässt deutlich mehr Handlungsspielräume für potenzielle Maßnahmen offen als die bereits sehr spezifische Zielvorgabe, eine bestimmte Methodik zur Aufwandsschätzung von Arbeitspaketen einzuführen. Während ganz unterschiedliche Maßnahmen denkbar sind, um bessere Prognosen zu erreichen, ist bei Letzterer bereits klar, was genau wie genau getan werden soll.

Wer Teams einsetzt, will davon profitieren, dass sie für sich passende Wege finden. Wenn jedoch zu konkrete Ziele vorgegeben werden, wird die Suche nach eigenen Wegen unterdrückt. Mit anderen Worten: Wird genau vorgegeben, was wie erledigt werden soll, gibt es keinen Spielraum mehr fürs Team, eine eigene, vielleicht viel passendere Lösung zu finden.

An dieser Stelle noch ein Hinweis: Es muss damit gerechnet werden, dass ein Team, dem bislang keine Teamentwicklungsziele vorgegeben wurden, auf eine Zielsetzung des Managements abwehrend reagiert. Jedes von außen vorgegebene Ziel schränkt die Autonomie des Teams ein Stück weit ein. Wer ein Ziel vorgesetzt bekommt, darf sich die anzustrebende Richtung nicht mehr selbst aussuchen. Teams zeigen in der Regel Ablehnung, wenn ihnen einmal gewährte Freiheiten wieder genommen werden (Brinkmann u. Schattenhofer 2022, S. 125). Wer Teamentwicklungziele neuerdings von außen vorgibt, sollte also mit Diskussionen rechnen. (»Wieso dürfen wir jetzt nicht mehr selbst entscheiden, worin wir uns verbessern wollen?«)

Fazit

Durch das Management gesetzte Teamentwicklungsziele bergen durchaus Chancen. Sie können ein Team zur Weiterentwicklung motivieren und dem Teamentwickler damit das Leben erleichtern. Darüber hinaus eignen sich vorgegebene Teamentwicklungsziele dazu, einen Bezug zu übergeordneten Zielen herzustellen und verschiedene Teams auf eine gemeinsame Strategie auszurichten. Allerdings gehen von außen auferlegte Teamentwicklungsziele mit der Gefahr einher, den Gestaltungsspielraum unnötig einzuengen oder mit einem Team in Konflikt zu geraten, das um die eigene Autonomie ringt.

5.4 Was tun, wenn ich nicht weiß, woran ich mit dem Team arbeiten soll?

Gedanken eines Teamentwicklers: Jetzt bin ich seit vier Wochen beim Team und soll es weiterentwickeln. Auf die Frage, wohin sich mein Team entwickeln soll, erhalte ich keine Antwort. Zumindest keine, die Orientierung stiftet. Das Team soll »besser werden – höher, schneller, weiter«, lautet die Antwort des Managements. Wenngleich das Team mir und der Teamentwicklung grundsätzlich offen gegenübersteht, ist es selbst ebenfalls ratlos: »Eigentlich ist doch alles ganz in Ordnung.« Aber irgendwo müssen wir ja ansetzen. Nur wo?

Manche Teamentwicklungsaufträge ergeben sich aus *konkreten Anlässen:* Nachdem der Datenbankexperte krankheitsbedingt ausgefallen ist und das Team einen schwerwiegenden Datenbankfehler nicht ohne ihn beheben kann, ist der Vorstand außer sich: »So etwas darf nicht noch einmal passieren!« Nun soll im Rahmen einer Teamentwicklung erarbeitet werden, wie sich das Team besser für solche Situationen aufstellen kann. Ein temporärer Teamentwickler wird für diese Aufgabe hinzugezogen.

Für *dauerhafte* Teamentwickler ist der Auftrag häufig weniger klar. So ist es im agilen Umfeld eine Kernaufgabe des Scrum Masters, sein Team weiterzuentwickeln, ohne dass im Rahmen des Auftrags vorgegeben ist, worin genau. Dauerhafte Teamentwickler haben dann die Aufgabe, dafür zu sorgen, dass eine Antwort auf die folgende Frage gefunden wird: »Worin sollte das Team besser werden?« Oder mit anderen Worten: Sie sollen relevante Teamentwicklungsthemen oder -ziele finden. Nehmen wir also an, es gibt keinen spezifischen Auftrag für die Teamentwicklung. Der implizite Auftrag des Managements lautet lediglich: »Hilf dem Team dabei, besser zu werden. Woran ihr konkret arbeitet, um besser zu werden, müsst ihr selbst herausfinden.«

Auf der Suche nach geeigneten Teamentwicklungsthemen/-zielen gibt es grundsätzlich drei Quellen: Team, Teamentwickler und Management.

Hinweis: Da es in diesem Abschnitt um die generelle Frage geht, woran ein Team im Rahmen der Teamentwicklung arbeitet, und die Unterscheidung zwischen einem kurzfristigen Fokus (Teamentwicklungsthema) und einem längerfristigen Fokus (Teamentwicklungsziel) nachrangig ist, spreche ich im Folgenden der Einfachheit halber überwiegend von Teamentwicklungs*themen*. Wenngleich die drei Quellen für die Suche nach Teamentwicklungs*zielen*, das Team, der Teamentwickler und das Management, ebenso relevant sind:

- *Quelle 1 – Das Team:* Wenn das Management weder Themen noch Ziele für die Teamentwicklung vorgibt, hat der Teamentwickler die Möglichkeit, dort anzusetzen, wo dem Team der Schuh drückt. Das hat zwei entscheidende Vorteile: Erstens stehen dann häufig die richtigen Themen im Fokus. Die Teammitglieder kennen ihre eigenen Probleme gut und können daher oft am ehesten einschätzen, was sie wirklich voranbringt. Zweitens ist hinter den Themen, die wirklich schmerzen, am meisten Energie für eine Veränderung. Fallen den Teammitgliedern auf Anhieb keine Teamentwicklungsthemen ein, hilft es, noch mal in Ruhe und mit etwas Kreativität nach Problemen oder »Optimierungspotenzialen« zu fragen: »Wie zufrieden bist du aktuell mit euch und eurer Leistung als Team auf einer Skala von 1 bis 10? Wenn du sagst, deine Zufriedenheit liegt bei 8, was wäre bei 9 noch besser? Wenn ich eure Nachbarabteilung fragen würde, was bei euch besser laufen könnte, was würden die mir sagen? Wenn du auf die letzten Monate schaust, was hätte besser laufen können? ...« Gerade in Einzelgesprächen lassen sich oft doch relevante Themen finden. Anschließend geht es darum, diese gemeinsam im Team zu besprechen. Je nach Thema ist Fingerspitzengefühl gefragt. Mit einem unter vier Augen anvertrauten Konflikt gilt es entsprechend sensibel umzugehen.

- *Quelle 2 – Der Teamentwickler:* Dieser kann eigene Impulse als Vorschläge für anzugehende Themen einbringen. (»Ihr habt euch mit eurer Planung in den letzten Monaten mehrfach verschätzt, lasst uns mal über die Planungsmethodik sprechen.«) Wer ein Team eine Zeitlang begleitet, wird selbst Ideen entwickeln, in welchen Aspekten sich das Team sinnvoll weiterentwickeln kann. Tragen Teamentwickler ihre Beobachtungen und Ideen ins Team, kommt es darauf an, dass ihren Worten Gewicht beigemessen wird. Falls es nicht gelingt, die Gedanken überzeugend zu erläutern, oder das Team die Expertise des Teamentwicklers grundsätzlich anzweifelt, wird es schwierig. An dieser Stelle noch ein kurzer Hinweis: Welche Themen ein Teamentwickler sieht, hängt maßgeblich von seinem Hintergrund (Qualifikation, Erfahrungen) ab. Ein Konfliktmediator wird viel mehr darauf achten, wie die Teammitglieder miteinander in schwierigen Situationen interagieren als ein Scrum-Profi, der eher auf die Anwendung der agilen Prinzipien und Scrum-Praktiken achtet. Um es in einem Zitat auszudrücken, dessen Autorenschaft umstritten ist (Watzlawick? Maslow? Twain? Kaplan? Tomkins?): Wer nur einen Hammer hat, sieht überall Nägel.
- *Quelle 3 – Das Management:* Eine weitere Möglichkeit besteht darin, mit dem Management über dessen Erwartungen zu sprechen: »Woran würdet ihr festmachen, dass sich das Team weiterentwickelt? Was sind aus eurer Sicht die wichtigsten Aspekte, in denen sich das Team entwickeln soll? Angenommen, ein Jahr ist rum und das Team hat intensiv und erfolgreich an sich gearbeitet. Was ist dann anders? Was macht das Team besser als bisher?« Wer gezielt fragt, bekommt oft auch Antworten. Möglicherweise lassen sich auf diesem Weg doch relevante Themen beziehungsweise Ziele finden. Mehr zu den Chancen und Risiken von Teamentwicklungszielen vonseiten des Managements finden sich in Kapitel 5.3.

Fazit

Insbesondere dauerhafte Teamentwickler stehen oft vor der Situation, dass die Formulierung des Auftrags kaum Orientierung stiftet und sie selbst eine Antwort auf die Frage, woran im Rahmen der Teamentwicklung gearbeitet werden soll, herbeiführen müssen. Wenn Teams grundsätzlich offen für Teamentwicklung sind, lassen sich über die drei Quellen Team, Teamentwickler und Management meistens relevante Teamentwicklungsthemen/-ziele finden. Ob diese vom Management, dem Team selbst oder dem Teamentwickler stammen, ist zweitrangig, solange die Themen sinnvoll sind und das Team bereit ist, daran zu arbeiten. Manchmal finden sich auch keine Themen, weil das Team Teamentwicklung an sich ablehnt (Kap. 3.4).

6 Für Veränderung sorgen

Teamentwicklung geht immer mit Veränderungen einher: Das Team macht etwas anders als zuvor. Was »anders« genau bedeutet, unterscheidet sich von Team zu Team. Aber am Ende schlägt sich erfolgreiche Teamentwicklung in neuen Verhaltensweisen nieder. Aufgaben werden anders verteilt, Meetings werden anders strukturiert, Prozesse anders gelebt, es werden Dinge besprochen, die bislang nicht besprochen wurden, …

Dabei geht es nicht um einmalige Aktionen. Wenn ein Meeting einmal anders läuft oder ein Prozess einmalig anders gelebt wird, hat sich das Team noch nicht entwickelt. Es geht um neue Verhaltensmuster. Wir könnten auch von veränderten oder neuen Teamregeln sprechen (siehe S. 27 f.), die dafür sorgen, dass Teams ihre Zusammenarbeit routinemäßig anders handhaben.

Im Rahmen von Teamentwicklungsaktivitäten (Workshops, Retrospektiven …) nehmen sich Teams immer wieder Maßnahmen vor, um ihre Zusammenarbeit anders/besser zu gestalten. Diese Maßnahmen sollen letztendlich auf die Veränderung von Teamregeln abzielen: Eine Maßnahme ist ein konkretes Handlungsvorhaben und lässt sich häufig direkt als Teamregel formulieren. *Beispiel:* Wir beginnen unser Daily jetzt mit der Frage, welche relevanten Informationen es aus teamübergreifenden Runden zu teilen gibt. Manche Maßnahmen sind aber einmaliger Art und stellen noch keine Teamregel dar. Etwa wenn das Recruiting-Team beschließt, alle Schritte des Bewerbungsprozesses in einem separaten Termin einmal übersichtlich darzustellen und Unklarheiten oder Differenzen aufzulösen.

Einmalige Maßnahmen zielen darauf ab, die Voraussetzungen für neue Teamregeln zu schaffen. So kann das Auflösen der Unklarheiten oder Differenzen zu neuen oder angepassten Teamregeln führen (»Sobald ein Bewerber …, machen wir …«). Werden aus einer einmaligen Maßnahme keine dauerhaften Teamregeln abgeleitet, hätte man sich die dafür aufgewendete Zeit sparen können. Eine hilfreiche Checkliste, die einmal erarbeitet wird, um dann in der Schublade zu verschwinden, stiftet kaum Nutzen, und eine schärfere Abgrenzung der Rollen auf dem Papier spiegelt sich nicht automatisch im Handeln wider. Als Teamentwickler habe ich also immer die Fragen im Kopf:

Was macht ihr jetzt mit dem Erarbeiteten anders, und wie stellt ihr sicher, dass ihr daran denkt? Am Ende geht es um dauerhafte Unterschiede im Verhalten.

In diesem Kapitel betrachten wir, wie Teamentwickler Veränderungen im Verhalten fördern. Zunächst liegt der Fokus darauf, mit einer Maßnahme überhaupt an der richtigen Stelle anzusetzen (Kap. 6.1). Danach beschäftigen wir uns mit der Frage, wieso Maßnahmen häufig versanden, und was sich dagegen tun lässt (Kap. 6.2). Wir blicken danach auf die Frage, wie sich die sogenannten weichen Faktoren im Team beeinflussen lassen (Kap. 6.3) Abschließend betrachten wir das Szenario, in dem sich ein Team zwar energisch über Probleme echauffiert, jedoch nicht ernsthaft nach Lösungen sucht (Kap. 6.4).

6.1 Wie finden wir die wahre Ursache, um nicht nur an Symptomen herumzudoktern?

Gedanken eines Teamentwicklers: Wir reißen ständig unsere Sprint-Ziele. Die Frage ist nur: Warum? Verschiedenste Erklärungen stehen im Raum. Für die einen sind es die schlecht formulierten Anforderungen, für andere ist es die unausgereifte Schätzmethodik. Einige fordern ein, erst zu definieren, wann ein Arbeitspaket überhaupt als fertig gilt, und wiederum andere legen nahe, einfach weniger einzuplanen. Vielleicht liegt es aber auch daran, dass das Management während des Sprints ständig neue Aufgaben reindrückt. Was ist denn jetzt die wahre Ursache?

Natürlich gibt es Situationen, in denen sich alle über die Erklärung eines Problems einig sind. Ein Beispiel ist der Umstand, dass die Anzahl der Teammitglieder regelmäßig und unvorhersehbar halbiert wird, um kurzfristig in anderen Projekten Abhilfe zu schaffen. Die Teammitglieder sind gemeinsam der Ansicht, dass es so mit dem Einhalten der Sprint-Ziele nichts werden kann. Häufig ist es aber nicht so klar.

Wenn in strittigen Diskussionen mehr und mehr potenzielle Gründe für das Problem auf den Tisch kommen, ein gemeinsamer Nenner aber nicht in Sichtweite ist, heißt es oft: »Wir müssen an der Ursache ansetzen und nicht nur Symptome bekämpfen!« Der Satz impliziert, es gebe eine »wahre« Ursache, die es zu finden gilt. Sie zu beheben, würde das Problem lösen. An dieser Stelle ist Vorsicht angebracht.

Das Geschehen in Teams und Organisationen ist komplex. Ein mechanisches Ursache-Wirkungs-Denken lässt sich nicht auf die Zusammenarbeit von Menschen übertragen. Wenn bei einem Fahrrad die Kette herausgesprungen ist und man sie wieder einsetzt, fährt es wieder. Bei Teams ist es in der Regel nicht so einfach. Ob eine schärfere Rollenabgrenzung, ein neues Regelmeeting mit einer gestrafften Agenda, eine konservativere Planung oder eine andere Schätzmethodik tatsächlich den gewünschten Effekt hat, weiß man in der Regel erst im Nachhinein. Im Vorfeld beispielsweise zu behaupten, die fehlende Rollenklarheit sei die eigentliche Ursache, ist ein höchst subjektiver Deutungsanspruch.

Natürlich ist es klug, potenzielle Maßnahmen ein Stück weit vorzudenken. (Was versprechen wir uns davon? Was würden wir uns damit möglicherweise einhandeln?) Und sicherlich gibt es gute und auf Anhieb funktionierende Maßnahmen. Ab und zu erfüllt eine Maßnahme genau das, was sich ein Team von ihr versprochen hat. Es ist aber blauäugig zu glauben, dies im Vorhinein genau absehen zu können.

Statt also ewig nach der eigentlichen Ursache zu suchen oder im Team darüber zu debattieren, motiviere ich als Teamentwickler immer wieder zu *Experimenten:* »Spricht etwas dagegen, eine neue Schätzmethodik einfach mal auszuprobieren und dann zu prüfen, ob sie hilft? Wollen wir mal definieren, wann ein Arbeitspaket als fertig gilt. Dann könnt ihr nach ein paar Wochen schauen, ob das für euch einen Unterschied macht? Wie wäre es, wenn wir für die kommenden Sprints einfach mal zwanzig Prozent weniger Umfang einplanen?« Ein wichtiges Kriterium für die Wahl einer Maßnahme ist also die Testbarkeit: Was lässt sich mit überschaubarem Aufwand und ohne großes Risiko ausprobieren?

Aber: Nicht alles lässt sich einfach ausprobieren, und nicht jede Veränderung ist mit kleinen Schritten zu erreichen. Inwieweit sich die Engpässe auflösen, wenn mehr Leute im Team Java programmieren könnten, lässt sich nicht ohne Weiteres erproben. Ob es sich also lohnt, den Kollegen eine neue Programmiersprache beizubringen, kann man nicht in Form eines kleinen Experiments herausfinden.

Für manche Teamentwicklungsvorhaben bedarf es einer strategischen Entscheidung, etwa wie folgt: »Ziel ist es, dass Peter und Marina in Zukunft auch Java-Aufgaben übernehmen können, weil wir dort immer wieder Engpässe haben. Dafür bearbeiten wir in den kommenden Monaten alle Java-Aufgaben zu zweit. Es soll immer jemand, der die Programmiersprache bereits beherrscht, mit Peter oder Marina zusammenarbeiten.«

Fazit

Wer nach der vermeintlich wahren Ursache sucht, läuft Gefahr, enttäuscht zu sein, wenn die abgeleitete Maßnahme nicht den erwarteten Effekt zeigt. Es ist unrealistisch anzunehmen, die Auswirkungen von Maßnahmen im komplexen Team- und Organisationskontext genau vorhersagen zu können. Daher ist es häufig sinnvoll, Maßnahmen im Rahmen von Experimenten zu erproben (»Lass uns doch einfach mal eine neue Schätzmethodik ausprobieren«) und daraus zu lernen. Zumindest in den Bereichen, in denen sich Maßnahmen leicht ausprobieren lassen.

6.2 Unsere Maßnahmen versanden – Wie lassen sich neue Verhaltensweisen im Team verankern?

Gedanken eines Teamentwicklers: Es ist immer wieder das Gleiche. Wir erarbeiten Maßnahmen, nehmen uns vor, Dinge anders zu machen als bisher, aber nach einigen Wochen sind unsere Vorsätze meist schon in Vergessenheit geraten. Zunehmend tritt auch Resignation bei den Teammitgliedern auf: »Es ändert sich ja eh nichts.« Dabei haben wir es doch in der Hand!? Wir müssen es einfach nur machen, oder nicht? Wieso versanden unsere Maßnahmen, und was kann ich dagegen tun?

Um nachhaltige Verhaltensveränderungen im Team zu verankern, hilft es, sich als Teamentwickler an drei zyklisch wiederkehrenden Phasen (Abb. 3) zu orientieren: 1. Wahl, 2. Erprobung und 3. Reflexion. Teamentwickler wirken dem Versanden von Maßnahmen entscheidend entgegen, indem sie zunächst auf die Wahl geeigneter Maßnahmen achten, danach auf das Erproben der gewählten Maßnahmen hinwirken und anschließend eine systematische Reflexion sicherstellen. Die Reflexion geht dann oft in die Wahl neuer Maßnahmen über: Müssen wir anpassen? Oder brauchen wir doch was ganz anderes? Dann probiert man wieder eine Zeitlang aus, um anschließend erneut zu reflektieren ...

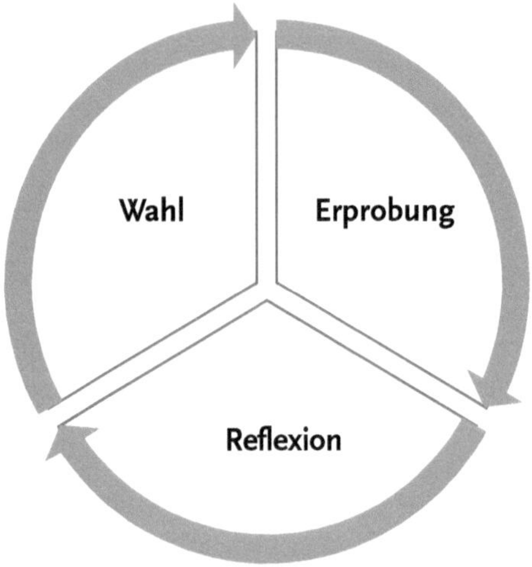

Abb. 3: Wiederkehrende Phasen zur Implementierung geeigneter Maßnahmen

Was hier auf dem ersten Blick simpel erscheint, ist in der Praxis anspruchsvoll. Um Maßnahmen zu entwickeln, die sich schließlich als feste Verhaltensmuster im Team etablieren, sind in allen drei Phasen wichtige Aspekte zu beachten. Beginnen wir mit der ersten Phase, der Wahl geeigneter Maßnahmen.

Phase 1: Wahl

In dieser Phase sollten Teamentwickler darauf achten, dass sinnvolle Maßnahmen erarbeitet und vereinbart werden. Woran lässt sich aber bei der Planung festmachen, ob eine Maßnahme sinnvoll ist? Zum einen hilft es, inhaltlich mitzudenken. Wenn einem etwas komisch vorkommt, kann man inhaltlich nachfragen. (»Glaubt ihr wirklich, dass euch das hilft?«) Vor allem aber sollte das Team eine Maßnahme für sinnvoll halten. Bei den meisten Themen können die Teammitglieder besser abschätzen, ob eine Maßnahme für sie passt oder nicht.

Wer als Teamentwickler das Gefühl hat, es gibt noch zu viele Bauchschmerzen mit einer Maßnahme, hakt besser nach: »Jonas, du siehst noch nicht überzeugt aus?« Manchmal stimmen Teams einer Maßnahme einfach zu, um einer langwierigen Diskussion ein Ende zu bereiten. Oft versanden halbherzig vereinbarte Maßnahmen dann in der Erprobungsphase.

Zum anderen, und das ist mindestens genauso wichtig, sollten sich Teamentwickler fragen, ob eine Vereinbarung einen konkreten Unterschied im Verhalten des Teams machen wird. Will das Team schwammige Vorsätze vereinbaren, ist Skepsis angebracht. Intentionen wie »Informationen teilen wir zukünftig zeitnah« gehen im Arbeitsalltag viel zu leicht unter. Jeder weiß, wie schnell solche Maßnahmen versanden. Stattdessen hilft es, solche Vorsätze in konkrete Teamregeln umzuwandeln: »Was haltet ihr davon, wenn ihr euer Daily mit der Frage beginnt, wer in welcher teamübergreifenden Runde war und was es von dort Relevantes zu berichten gibt?«

Darüber hinaus gilt es, die Suche nach der perfekten Maßnahme zu verhindern. Auch wenn es hilft, die Konsequenzen potenzieller Maßnahmen ein Stück weit abzuschätzen, sollte man im Vorfeld nicht versuchen, alle Eventualitäten im Detail zu durchleuchten. (»Aber was ist, wenn …?«) Inwieweit eine Maßnahme fruchtet, weiß man häufig erst nach dem Ausprobieren (Kap. 6.1). Daher lohnt es sich oft, Experimente anzustoßen: »Spricht etwas dagegen, die Frage im Daily mal für zwei Wochen zu testen? Danach schauen wir, ob es hilft oder nicht.«

Es hilft, gedanklich zu prüfen, inwieweit sich eine Maßnahme realistischerweise ins Tagesgeschäft integrieren lässt. Steht das Team unter hohem Projektdruck, besteht die Gefahr, dass aufwendige Maßnahmen im stressigen Arbeitsalltag untergehen oder bewusst herunterpriorisiert werden. (»Dafür haben wir jetzt keine Zeit!«) Dann ist es sinnvoll, bewusst nach Maßnahmen zu suchen, die sich ohne großen Mehraufwand erproben lassen.

Manchmal hat man als Teamentwickler eine klare Vorstellung davon, was das Team voranbringen könnte. Teamentwickler können dann selbst für eine bestimmte Maßnahme werben: »In anderen Teams hilft XY, und meines Erachtens solltet ihr das auch so machen.« Wer das Team nicht auf Anhieb überzeugt, kann um einen Vertrauensvorschuss und die Bereitschaft bitten, sich auf ein Experiment einzulassen: »Ich weiß, dass ihr da skeptisch seid. Ich habe mit der

Maßnahme aber echt gute Erfahrungen gesammelt. Würdet ihr mir einen kleinen Vertrauensvorschuss geben und das für einen Monat ausprobieren? Wenn ihr danach sagt, dass es euch wirklich nicht hilft, lassen wir es. Könnt ihr euch darauf einlassen?« Ob ein Team hier mitgeht, hängt natürlich vom Standing des Teamentwicklers und seiner Beziehung zum Team ab (Kap. 3).

Phase 2: Erprobung

Sobald sich das Team auf eine oder mehrere Maßnahmen festgelegt hat, beginnt die Vorbereitung der Erprobungsphase. So vielversprechend eine Maßnahme auch sein mag – setzt ein Team sie nicht um, hat sie keinen Effekt. Bevor die Teammitglieder also zurück an ihren Schreibtisch gehen, gilt es noch zu fragen: »Wie stellt ihr sicher, dass ihr daran denkt?« Denkbar wäre folgende Lösung: »Wir können das einfach als festen Tagesordnungspunkt auf die Agenda unseres Planungsmeetings nehmen. Dann stolpern wir auf jeden Fall drüber.« Alles, was die Teammitglieder nicht auf dem Schirm behalten müssen, weil sie automatisch daran erinnert werden, entlastet sie spürbar und erhöht die Wahrscheinlichkeit der Umsetzung.

Manchmal ist Kreativität gefragt, um solche *Erinnerungsmechanismen* zu finden. Wenn sich das Recruiting-Team vornimmt, Stellenanzeigen vor ihrer Veröffentlichung zukünftig im Vieraugenprinzip gegenzulesen, könnte es sich das Dran-denken-Müssen durch eine Art Checkbox erleichtern. Das Musterformular für neue Stellenanzeigen enthält voreingestellt unten noch die Zeile »Durch Vieraugenprinzip geprüft«. Sobald ein Kollege das Dokument abschließend gegengelesen hat, wird die Zeile gelöscht.

Lässt sich kein automatischer Erinnerungsmechanismus finden, sollte man zumindest sicherstellen, dass sich eine Person für die Maßnahme verantwortlich fühlt: »Wer sorgt in der kommenden Woche dafür, dass wir im Daily immer mit der Frage beginnen, ob etwas Wichtiges im Teampostfach liegt?« Ist der Teamentwickler im Daily dabei, könnte er die entsprechende Frage stellen. Grundsätzlich würde ich aber darauf hinwirken, dass das Team selbst an zu erprobende Maßnahmen denkt. Ziel ist, dass neue Teamregeln, die sich als nützlich erweisen, zur Routine werden. Bei regelmäßiger Anwendung werden neue Teamregeln irgendwann zur Normalität, und dann kostet es keine Kraft mehr, an sie zu denken. Sie gehören dann zum Teamalltag (»Wir beginnen jedes Daily mit …«).

Bis eine Maßnahme aber zur Routine geworden ist, an die nicht mehr bewusst gedacht werden muss, vergehen oft Wochen. Oft gilt das selbst dann, wenn alle Teammitglieder die Maßnahme für nützlich halten. Der Mensch ist ein Gewohnheitstier, und alte Gewohnheiten durch neue zu ersetzen kostet seine Zeit. Als dauerhafter Teamentwickler sehe ich es als meine Aufgabe an, Maßnahmen, die zur Routine werden sollen, auf dem Schirm zu behalten und im Zweifel immer wieder auf sie hinzuweisen (»Ihr hattet euch doch vorgenommen, dass …«, »Peter, wolltest du nicht daran erinnern, … ?«). Ich betrachte diese Form des Nachhaltens als wertvolle Unterstützungsleistung – auch wenn sie manchen Teamentwicklern als lästiges Hinterherlaufen erscheinen mag.

Phase 3: Reflexion

Neue Maßnahmen sollten, nachdem sie ausprobiert wurden, unbedingt reflektiert werden: Haben wir die Maßnahme wie vorgenommen umgesetzt? Wenn ja, mit welchem Effekt? Was war hilfreich? Was weniger? Wo müssen wir die Maßnahme anpassen? Oder besser ganz sein lassen? Das Reflektieren der Maßnahmen hat verschiedene Funktionen:

- Oft stellt man in der Erprobungsphase fest, dass eine Maßnahme noch nicht so richtig passt. Wenn das Team nicht gemeinsam reflektiert und die Maßnahme auf Grundlage der gesammelten Erkenntnisse nicht entsprechend anpasst, wird sie häufig einfach versanden. (Wieso sollte man beibehalten, was nicht funktioniert?) Möglicherweise wäre die Maßnahme aber mit einfachen Anpassungen sehr hilfreich.
- Manchmal werden Maßnahmen lange durchgeführt, obwohl sie sich gar nicht rentieren. (»Richtig viel bringt mir der neue Austauschtermin nicht. Aber gut, es ist ja nur eine Stunde pro Woche …«) Durch gemeinsame Reflexion wird deutlich, dass auch die anderen Teammitglieder mit dem Termin unzufrieden sind.
- Allein das Wissen darüber, eine Maßnahme in absehbarer Zeit gemeinsam zu reflektieren, erinnert und motiviert zu ernsthaftem Ausprobieren. (»Wir haben uns vorgenommen, bis zur nächsten Retrospektive mindestens bei einem Arbeitspaket im Pair Programming, also gemeinsam an derselben Tastatur, zu arbeiten. Nur noch zwei Tage bis Sprint-Ende …«).

- Durch den regelmäßigen Blick auf den Effekt von Maßnahmen lernen die Teammitglieder Folgendes: »Was auch immer wir an Maßnahmen vereinbaren, es sind erst mal nur Experimente. Ich brauche keine Angst davor haben, dass eine einmal beschlossene Maßnahme für immer in Stein gemeißelt ist. Funktioniert eine Maßnahme nicht gut, schaffen wir sie eben wieder ab oder passen sie an.« Je stärker Teams dies verinnerlichen, desto größer ist ihre Bereitschaft, sich auf Experimente einzulassen. Deswegen ist es umso wichtiger, dass Teamentwickler einen Raum schaffen, in denen auch kritische Meinungen zu beschlossenen Maßnahmen offen ausgesprochen und diskutiert werden können.
- Beim Reflektieren von Maßnahmen wird es immer wieder Maßnahmen geben, die gut funktionieren und beibehalten werden. Das Team realisiert dann jedes Mal, dass es sich weiterentwickelt. Es entsteht ein gemeinsames Gefühl im Sinne von: »Wir haben unsere Entwicklung selbst in der Hand!« Darüber hinaus legitimieren und wertschätzen die kleinen Erfolgserlebnisse (»Wieder eine Maßnahme, die uns vorangebracht hat!«) die Arbeit des Teamentwicklers.

Als Teamentwickler stelle ich sicher, dass die Maßnahmen des Teams gemeinsam reflektiert werden. Oft frage ich schon in der Erprobungsphase: »Wann wollen wir auf die Maßnahme schauen?« Wenngleich Teamentwickler inhaltlich oft unparteiisch sind, sollten sie es in der Frage, wie wichtig Reflexion ist, nicht sein. Im Zweifel muss um Reflexionsräume gekämpft werden, weil Reflexion zusammen mit dem Erarbeiten und Ausprobieren neuer Maßnahmen zu den zentralen Mitteln der Teamentwicklung gehört.

Es stellt sich noch die Frage, wer entscheidet, ob eine Maßnahme als gut oder schlecht befunden wird. In der Regel überlasse ich dem Team hier das letzte Wort, weil ich auf die Urteilsfähigkeit des Teams vertraue. (Wer sollte die Effekte einer Maßnahme besser einschätzen können?) Manchmal plädiere ich aber dafür, ein Experiment noch fortzusetzen: »Wir haben aus meiner Sicht noch nicht genug Erfahrungen gesammelt, um bewerten zu können, ob die Maßnahme passt. Ich glaube, die Anwendung war bisher noch hakelig, weil uns die Übung fehlt, nicht weil die Maßnahme schlecht ist.«

Fazit

Es gibt verschiedene Gründe, warum Maßnahmen versanden. Möglicherweise sind sie so vage formuliert, dass nicht klar ist, was genau jetzt anders als bisher getan werden soll. Maßnahmen, die halbherzig beschlossen werden, werden oft gar nicht ernsthaft ausprobiert. Ein weiterer Grund für das Versanden von Maßnahmen kann darin liegen, dass das Team im Alltagsstress einfach nicht dran denkt. Hier könnte ein Erinnerungsmechanismus helfen. Überprüft ein Team den Effekt der eigenen Maßnahmen nicht und passt daher schlecht funktionierende Maßnahmen nicht an, werden diese oftmals einfach stillschweigend aufgegeben. Teamentwickler wirken dem Versanden von Maßnahmen entscheidend entgegen, indem sie erstens auf die Wahl geeigneter Maßnahmen achten, zweitens für deren Erproben sorgen und drittens eine systematische Reflexion sicherstellen.

6.3 Wie beeinflusse ich die weichen Faktoren?

Gedanken eines Teamentwicklers: »Wir begegnen uns auf Augenhöhe und wertschätzen unsere Unterschiedlichkeit. Wir fühlen uns sicher im Team und sagen, was wir denken …« Schön wär‘s! Die Teammitglieder haben sich zwar im Rahmen eines Werteworkshops Transparenz, Offenheit und Wertschätzung auf die Fahne geschrieben. Doch leider war das nicht mehr als ein kollektives Lippenbekenntnis. Das Flipchart mit den gemeinsam formulierten Teamwerten hängt noch an der Wand im Büro, das Verhalten der Teammitglieder hat sich jedoch nicht verändert. Ich habe nicht das Gefühl, dass uns ein weiterer Workshop an dieser Stelle voranbringt. Wie kann ich wirksam an der Änderung der Teamkultur ansetzen?

Teams können entscheiden, ab sofort ein tägliches Daily durchzuführen und damit um 9 Uhr zu starten. Sie können entscheiden, die Qualität bestimmter Arbeitspakete per Vieraugenprinzip zu sichern, und sie können entscheiden, im Planungsmeeting nach einer bestimmten Agenda vorzugehen. Die weichen Faktoren hingegen lassen sich nicht einfach beschließen. Auch nicht, wenn sich alle Teammitglieder darüber einig sind, dass sie ab morgen offen und ehrlich miteinander umgehen wollen. Die Wahrscheinlichkeit, dass solch ein Beschluss den gewünschten Effekt hat, ist äußerst gering.

Das soll nicht heißen, dass Teamkultur nicht wichtig ist. Wenn Teammitglieder sich nicht trauen, ihre Ideen zu äußern, weil sie befürchten, für ihren Vorschlag belächelt zu werden, bleibt das kreative Potenzial des Teams ungenutzt. Wenn sich alle dreifach absichern, um bloß keinen Fehler zu machen, wird viel Energie an der falschen Stelle verschwendet, und wenn Teammitglieder sich ständig fragen, inwieweit sie von den Kollegen akzeptiert werden, ist der Kopf nicht bei der Arbeitsaufgabe. Faktoren wie psychologische Sicherheit oder Fehlerkultur wirken maßgeblich auf das Verhalten des Teams ein und sind daher hochrelevant. Der Punkt ist: Man kann als Team nicht einfach über solche Faktoren entscheiden. (»Ab morgen gehen wir respektvoll miteinander um, sodass sich alle psychologisch sicher fühlen …«) Die Veränderung weicher Faktoren ist um ein Vielfaches komplexer und weniger steuerbar. Wer das als Teamentwickler nicht berücksichtigt, läuft Gefahr, enttäuscht zu werden, wenn sich die im Workshop erarbeiteten Teamwerte wie Offenheit oder Ehrlichkeit anschließend nicht im Verhalten der Teammitglieder zeigen.

Wer als Teamentwickler auf diese weichen Themen dennoch Einfluss nehmen will, hat mindestens *vier Ansatzpunkte* – die organisatorischen Rahmenbedingungen, die Teamregeln, das eigene Verhalten und die Reflexion im Team:

- *Organisatorische Rahmenbedingungen:* Teamentwickler können und sollen die Rahmenbedingungen des Teams in den Blick nehmen. Denn diese wirken indirekt auf die weichen Faktoren ein und sind zumindest prinzipiell entscheidbar: Fördern an Bonuszahlungen gekoppelte Ziele eigennütziges Verhalten anstatt höherer Kooperationsbereitschaft? Verhindert eine volatile Personalsituation, dass Verbundenheit entsteht, weil im Monatstakt Kollegen für andere Projekte abgezogen werden? Verhindern vermeintliche Strafen für Fehler unternehmerisches Verhalten im Team? … Organisatorische Rahmenbedingungen beeinflussen die Teamkultur. Wie sich eine stabilere Personalsituation oder der Verzicht auf ein individualbezogenes Bonussystem aufs Team genau auswirkt, lässt sich nicht vorhersehen. Aber es lassen sich begründete Vermutungen darüber anstellen. (»Solange das Team bis zum Anschlag mit dem Tagesgeschäft ausgelastet ist, können wir nicht erwarten, dass sie sich über Innovationen große Gedanken machen …«) Zum Rahmen des

Teams zählt auch die personelle Zusammensetzung. Das Verhalten einzelner Teammitglieder kann sich stark auf das Team als Ganzes auswirken (Kap. 7.4). Möglicherweise verändert sich die Teamkultur durch das Hinzukommen oder Wegfallen einzelner Personen. Teamentwickler haben auf Rahmenbedingungen oft nur begrenzten Einfluss. Dennoch sollten sie ihre Auftraggeber auf ungünstige Rahmenbedingungen hinweisen und sich ggf. mit Nachdruck für teamdienlichere Bedingungen einsetzen.

- *Teamregeln:* Die im Team gelebten (entscheidbaren) Regeln beeinflussen die Teamkultur. Ein Team, das täglich zusammenkommt, um sich über die jeweiligen Arbeitsfortschritte und die bestehenden Hürden auszutauschen, wird eher eine Kultur der Transparenz entwickeln. Führt ein Team ein Vieraugenprinzip zur Qualitätssicherung kritischer Dokumente ein, fördert diese Teamregel möglicherweise das gemeinsame Verantwortungsgefühl. Natürlich lässt sich hier die Henne-oder-Ei-Frage stellen: Teilt ein Team nicht zuerst ein gemeinsames Verantwortungsgefühl und führt deswegen qualitätssichernde Regeln ein? Wir dürfen annehmen, dass sich konkrete Praktiken/Teamregeln und weiche Faktoren wie Verantwortungsbewusstsein wechselseitig beeinflussen. Der Punkt ist: Über den weichen Faktor lässt sich nicht direkt entscheiden, über konkrete Teamregeln schon.
- *Das Verhalten des Teamentwicklers:* Ein Teamentwickler, der selbstbewusst Fehler eingesteht, die Teammitglieder dazu ermutigt, Neues ohne übermäßige Absicherung auszuprobieren, und Personen schützt, die vermeintliche Fehler gemacht haben, wirkt womöglich positiv auf die Fehlerkultur ein. Wer Spannungen als Teamentwickler offen anspricht und für eine konstruktive Klärung sorgt, trägt womöglich dazu bei, dass die Teammitglieder die Angst vor Konflikten verlieren. Vor allem Teamentwickler, die ein Team dauerhaft begleiten, haben die Möglichkeit, bestimmte Werte vorzuleben. Aber auch hier gilt: Inwieweit sich das eigene Verhalten dann tatsächlich auf die Teamkultur auswirkt, lässt sich nicht vorhersehen.
- *Reflexion:* Nur weil sich weiche Faktoren nicht wirksam beschließen lassen (»Ab morgen gehen wir alle offen und wert-

schätzend miteinander um«), muss die gemeinsame Reflexion zu den weichen Faktoren nicht wirkungslos bleiben. Wenn ein Team gemeinsam reflektiert, wie es bestimmte Werte oder weiche Faktoren im Alltag lebt (z. B.: »Wo verhalten wir uns denn mutig? Und wo nicht?«), können gemeinsame Einsichten und Absichten entstehen. (»Wir sind mit unseren Prognosen viel zu vorsichtig – lasst uns mutigere Aussagen machen.«) Teamentwickler können dann darauf hinwirken, die entstandenen Ein- und Absichten in konkrete Maßnahmen/Teamregeln zu überführen. (»Wir könnten den Puffer, den wir uns sonst einplanen, ja einfach mal weglassen. Was haltet ihr davon?«) Aber auch ganz ohne konkrete Maßnahmen kann die gemeinsame Reflexion Wirkung zeigen. Erfährt man beispielsweise im Rahmen der Diskussion über psychologische Sicherheit von seinen Kollegen, dass man als wuchtig oder raumeinnehmend wahrgenommen wird, löst dies möglicherweise einen Selbstreflexionsprozess und eine Veränderung im Verhalten aus. Was jemand aus einem Feedback macht, lässt sich nicht vorhersehen. Aber die Chance, dass sich etwas ändert, besteht.

Fazit

Wenn sich ein Team auf gemeinsame Werte wie Offenheit und Transparenz einigt, heißt das noch lange nicht, dass sich ein derartiger Beschluss auf das Verhalten der Teammitglieder auswirkt. Weiche Faktoren lassen sich nicht wirksam beschließen. Wer sie beeinflussen will, muss »über Bande spielen« (Grubendorfer 2016, S. 83), also an anderen Stellschrauben (Rahmenbedingungen, Teamregeln, …) drehen, die sich dann auf die Teamkultur auswirken. Was man auch tut, um die weichen Faktoren zu beeinflussen, sicher vorhersehen lässt sich die Wirkung nicht. Wer hier einen eindeutigen Zusammenhang erwartet (Wenn wir an A drehen, passiert B!), unterliegt einer Steuerungsillusion. Das bedeutet aber nicht, dass es sich nicht lohnt, für teamförderliche Rahmenbedingungen einzustehen, das entsprechende Verhalten vorzuleben, Reflexionsprozesse zu initiieren und erwünschtes Verhalten mit passenden Teamregeln zu unterstützen. Ein Beispiel zur Beeinflussung eines weichen Faktors behandeln wir in Kapitel 7.3 ausführlich: Die psychologische Sicherheit im Team ist gering. Was kann ich tun?

6.4 Mein Team meckert über Dinge, die es ohnehin nicht ändern kann. Wie gehe ich damit um?

> *Gedanken eines Teamentwicklers:* Ständig höre ich Sätze wie: »Wie sollen wir denn unsere Zusagen halten, wenn die uns nicht rechtzeitig beliefern!? Die kriegen nichts gepeilt!« »Solange die uns immer wieder Leute abziehen, kann das nicht funktionieren!« Oder: »Wenn die uns klare Anforderungen schreiben würden, wüssten wir auch, was wir machen sollen …« Oft kann ich dem Team dann sogar zustimmen. Die Rahmenbedingungen fürs Team sind alles andere als optimal, und die Zusammenarbeit an den Schnittstellen zu anderen Teilen der Organisation ist frustrierend. Aber ständig daran rumzumeckern, bringt uns auch nicht voran …

Das Team echauffiert sich über das inkompetente Nachbarteam oder die übergriffigen Manager. Indem die Teammitglieder gegenseitig ihre Sichtweisen bestätigen, schaukeln sie sich gegenseitig hoch. Manches wird monatelang immer wieder zum Thema. Das Meckern über Außenstehende erscheint dann wie ein Ritual. Es kann für ein Team hilfreich sein, mal Dampf abzulassen – gerade in stressigen Situationen. Auch die Forschung zeigt: Tratschen über Außenstehende hat durchaus soziale Funktionen (Beersma a. van Kleef 2011; Bosson et al. 2006). Denn es stärkt die Bindung der Tratschenden. Daher spricht nichts dagegen, wenn Teams gelegentlich meckern oder miteinander tratschen. Spätestens im Rahmen eines Teamentwicklungsworkshops oder in einer Retrospektive kommt aber der Punkt, an dem Teamentwickler einen Impuls setzen sollen. Wenn man zur Entwicklung des Teams beizutragen will, reicht es nicht aus, nur das offene Ohr hinzuhalten.

Häufig hilft an dieser Stelle die unscheinbare, aber effektive Frage: »Wollt ihr versuchen, Einfluss auf die Situation zu nehmen?« Manchmal reagiert das Team mit Zustimmung: »Lasst es uns versuchen. So ist das nicht auszuhalten. Vielleicht lohnt es sich, noch mal mit denen ins Gespräch zu gehen.« Jetzt könnte man mit dem Team zusammen das angepeilte Gespräch vorbereiten und die nächsten Schritte klären. Oft genug geht die Reaktion aber in diese Richtung: »Wir haben das schon x-Mal thematisiert, und bisher hat sich überhaupt nichts verändert. Das bringt doch nichts.« In diesem Fall lohnt sich der Versuch, die Diskussion zu beenden und den Fokus auf ein anderes Thema zu richten: »Okay, wenn ihr sagt, dass sich an der Situation ohnehin nichts ändern lässt, sollten wir auf ein anderes Thema schauen.« Denkt ein Team wirklich, es müsse eine schwierige Situation hinnehmen, besteht an dieser Stelle oft die Bereitschaft für einem Themenwechsel. Teamentwickler sollten die Aufmerksamkeit immer wieder auf beeinflussbare Themen lenken. Ansonsten ist die Gefahr groß, am Ende eines Teamentwicklungsworkshops oder einer Retrospektive zwar viel diskutiert zu haben, aber doch frustriert und ohne Veränderungsvorhaben an den Schreibtisch zurückzukehren.

Manchmal ist die Frustration des Teams jedoch so groß, dass ein Themenwechsel nicht möglich ist. Wenn sich das Team nicht vom Thema abbringen lässt, hilft oft die folgende Frage: »Angenommen, es lässt sich wirklich nicht ändern und wir müssen lernen, mit der Situation zu leben. Was können wir tun, um besser mit ihr zurechtzukommen?« Auch diese Frage richtet die Aufmerksamkeit auf den Einflussbereich des Teams, ohne allerdings das Thema zu wechseln.

Ein Hinweis noch: Natürlich kann man als Teamentwickler versuchen, selbst auf bestimmte Situationen und Rahmenbedingungen Einfluss zu nehmen. Das Meckern des Teams kann auch als Hilfeschrei in Richtung des Teamentwicklers gedeutet werden: »Wir kommen hier nicht weiter und wünschen uns, dass du für uns in den Ring steigst (oder uns anderweitig hilfst).« Dauerhafte Teamentwickler wie Scrum Master haben oft den Auftrag, dabei zu unterstützen, Hindernisse, die einer effektiven Teamarbeit im Weg stehen, auszuräumen.

Fazit

Es ist normal und kaum zu vermeiden, dass ein Team gelegentlich intern über schwierige Stakeholder oder ungünstige Rahmenbedingungen schimpft. Schwierig wird es jedoch, wenn es sich darin verfängt, ohne nach Lösungsmöglichkeiten zu suchen. Verharrt ein Team im Klagemodus, ist es eine passende Intervention, die folgende Frage zu stellen: »Wollt ihr versuchen, Einfluss auf die Situation zu nehmen?« Wenn nicht, ist ein Themenwechsel angebracht. Wer ein Team weiterentwickeln will, sollte den Fokus immer wieder auf beeinflussbare Teamentwicklungsthemen lenken.

7 Das Zwischenmenschliche im Blick behalten

Jedes Team entwickelt eine einzigartige zwischenmenschliche Dynamik. So gehen die Teammitglieder verschiedener Teams mehr oder weniger offen miteinander um, es gibt mehr oder weniger häufig Konflikte, die dann je nach Team ganz unterschiedlich ausgetragen werden, und auch die informelle Hierarchie ist von Team zu Team unterschiedlich stark ausgeprägt. Aufgabe eines Teamentwicklers ist es, die zwischenmenschliche Dynamik des Teams im Auge zu behalten und bei Problemen einzugreifen, also zu versuchen, diese Dynamik zu beeinflussen. Häufig sind zwischenmenschliche Probleme, gerade für temporäre Teamentwickler, überhaupt erst Anlass für die Teamentwicklung.

Die theoretische Anzahl potenzieller und zwischenmenschlich herausfordernder Situationen für Teamentwickler ist unbegrenzt. Daher ist es nicht möglich, das Thema in diesem (oder in irgendeinem) Buch abschließend zu behandeln. Im Folgenden beleuchte ich fünf Fragen, die wahrscheinlich zu den häufigsten Herausforderungen gehören, mit denen Teamentwickler im Laufe ihrer Karriere konfrontiert sind:

Wir beginnen mit der Frage, was es bedeutet und was sich tun lässt, wenn sich die Teammitglieder untereinander nicht auf Augenhöhe befinden (Kap. 7.1). Anschließend fragen wir uns, wann schwierige Themen im Team angesprochen werden sollten und wann nicht (Kap. 7.2). Danach betrachten wir zwei besonders herausfordernde Szenarien: Die psychologische Sicherheit im Team ist gering ausgeprägt (Kap. 7.3), und einzelne »schwierige« Teammitglieder vergiften das Klima im Team (Kap. 7.4). Schließlich beschäftigen wir uns mit der Frage, wann ein Team eine Mediation benötigt (Kap. 7.5).

7.1 Was tun, wenn die Teammitglieder untereinander nicht auf Augenhöhe sind?

Gedanken eines Teamentwicklers: Sandra und Jan nehmen in der Diskussion immer am meisten Raum ein. Wenn andere unterbrochen werden, lässt das Team die beiden in Ruhe ausreden. Es scheint, als sei ihr Wort wichtiger. Wenn das Management einen Termin einstellt und wir als Team einen Vertreter schicken sollen, nimmt immer einer der beiden teil. Und das ganz selbstverständlich. Obwohl alle formal gleichgestellt sind, fühlt es sich hier im Team nicht wie Augenhöhe an. Sollte ich das als Teamentwickler so hinnehmen? Oder muss ich da was machen? Wenn ja, wie?

Ob Teammitglieder einander auf Augenhöhe begegnen sollten, hängt ganz davon ab, was man mit Augenhöhe meint. Sollten die Teammitglieder respektvoll miteinander umgehen? Ja, natürlich! Aber sollte das Wort aller immer auch gleich viel Gewicht erhalten? Nicht unbedingt. Bevor wir uns anschauen, wieso das so ist, werfen wir einen Blick in die Arbeitsrealität von Teams.

Teams bilden informelle Hierarchien aus

Ob man will oder nicht, so wie sich Normen und Rollen zwangsläufig in jedem Team ausbilden, entsteht auch eine mehr oder minder stark ausgeprägte informelle Hierarchie. Wer Teams von außen beobachtet, stellt fest, dass …

- die Teammitglieder unterschiedlich viel Raum in den Diskussionen einnehmen
- einige früher und öfter unterbrochen werden als andere
- manche bei allen wichtigen Themen selbstverständlich eingebunden werden und andere nicht
- das Team in Abwesenheit einiger Teammitglieder Entscheidungen vertagt, bis sie aus dem Urlaub zurück sind
- die Meinungen bestimmter Teammitglieder regelmäßig mehr Zustimmung erhalten
- einige Teammitglieder zähe Diskussionen mit einem Machtwort (»Jetzt lasst uns das mal so machen«) beenden können
- einige Teammitglieder immer an den wichtigen Runden mit dem Management teilnehmen und andere nie
- …

Ein Team entscheidet nicht explizit: »Peter darf man öfter unterbrechen als Sabine.« Informelle Hierarchien bilden sich unbewusst und implizit aus. Wie eine informelle Hierarchie entstanden ist, kann nie klar rekonstruiert werden. Sogenannte *Statusmerkmale* beeinflussen in der ersten Phase eines Teams die Entstehung der informellen Hierarchie: Wer bringt wie viel Erfahrung mit? Welche Qualifikation? Wer strahlt Seniorität aus? Aber auch *diffuse Statusmerkmale* wie Geschlecht, Alter, Körpergröße und die Tiefe der Stimme beeinflussen die erste Statuszuschreibung der einzelnen Teammitglieder (Nijstad u. Van Knippenberg 2014, S. 462). Je nach Zusammensetzung des Teams sowie gesellschaftlichem und unternehmenskulturellem Kontext fallen unterschiedliche Statusmerkmale mehr oder weniger stark ins Gewicht (Edding 2009a, S. 73).

Aus diesen anfänglichen Statuszuschreibungen heraus bildet sich eine informelle Hierarchie, die sich dann oft selbstverstärkend stabilisiert. Wer viel Raum bekommt, wird zunehmend sicherer und bringt sich noch öfter ein. Wer hingegen merkt, dass sein Wort nur wenig Gewicht erhält, wird vorsichtiger und bleibt mehr und mehr im Hintergrund. Einmal entstandene informelle Hierarchien sind (ähnlich wie Rollen und Normen) recht stabil, aber trotzdem nicht für immer und ewig in Stein gemeißelt. Wer für die anderen sichtbar an Kompetenz aufbaut, dessen Wortbeiträge werden möglicherweise auch zunehmend stärker gewichtet.

Im Gegensatz zu Normen und Rollen ist die informelle Hierarchie innerhalb eines Teams ungleich schwieriger zu besprechen. Über Teamregeln wie eine suboptimale Meetingagenda (»Müssen wir wirklich immer mit einem Warm-up beginnen?«) lässt sich einfacher diskutieren als über unterschiedliche Kompetenzzuschreibungen. So würde wohl kaum ein Team sagen: »Lieber Klaus, wir glauben nicht, dass deine Beiträge bei unseren Entscheidungen wirklich relevant sind, deswegen würden wir sie gerne auch weiterhin ohne dich treffen wollen.« Die schwierige Besprechbarkeit trägt zu einer hohen Stabilität der informellen Hierarchie bei.

Ist die informelle Hierarchie ein Problem?

Die große Gefahr informeller Hierarchie besteht darin, dass sich Teammitglieder aus dem Teamgeschehen zurücknehmen. Möglicherweise sprechen sie hilfreiche Beiträge nicht aus. (»Die hören doch eh nicht auf das, was ich sage. Warum sollte ich mich also einbringen?«) Womöglich wird das Mitdenken eingestellt. (»Sandra und Jan haben sich doch insgeheim schon längst entschieden, und daran werde ich auch nichts ändern …«) Wenn die Teammitglieder ihre Gedanken nicht einbringen und keine gemeinsame Verantwortung übernehmen, drängt sich die Frage auf: Wozu überhaupt Teamarbeit? Die informelle Hierarchie kann also zentrale Grundideen von Teamarbeit untergraben und damit zum Problem werden.

Wenn Mitarbeiter merken, dass ihr Wort weniger zählt als das der formal gleichrangigen Kollegen, oder sie bei bestimmten Themen ganz außen vor bleiben, führt das nicht selten zu Unmut. Wie sich dieser Unmut dann äußert, ist personen- und situationsabhängig. Während einige ihren Unmut herunterschlucken und sich in sich zurückziehen, andere heimlich Intrigen spinnen (»Wenn die sich schon rausnehmen, die Lorbeeren beim Management einzuheimsen, können die da auch mit falschen Zahlen auftreten ...«), suchen wieder andere die offene Konfrontation. Sollte Letzteres eintreten (»Das kann doch nicht sein, dass ihr das ohne mich entscheidet!!!«), wirkt das häufig nivellierend. Das empörte Teammitglied hat sich Gehör verschafft und wird in Zukunft nicht mehr so einfach umgangen.

Eine ausgeprägte informelle Hierarchie birgt also immer auch ein Konfliktpotenzial. Die Betonung liegt auf *Potenzial,* denn manchmal wird die informelle Hierarchie schlicht und einfach von allen akzeptiert.

Obwohl sie dazu führen kann, dass Teammitglieder sich aus der Verantwortung ziehen, den Kopf ausschalten oder Konflikte vom Zaun brechen, ist die informelle Hierarchie nicht zwangsläufig schlecht. Im Gegenteil: Sie hat sogar wichtige Funktionen. Während beispielsweise Peter für Option A plädiert, tritt Sandra für Alternative B ein. Erhalten beide Sichtweisen gleich viel Zustimmung, und können Sandra und Darius sich inhaltlich nicht einigen, entsteht eine Pattsituation. Informelle Hierarchie kann dabei helfen, diese aufzulösen. Sie kann dazu führen, dass Peter am Ende doch nachgibt. Gegebenenfalls positioniert sich auch der Rest des Teams entsprechend der informellen Hierarchie, weil die Betreffenden dem Wort von Sandra mehr Gewicht zuschreiben. Weil eine zentrale Funktion der formalen Hierarchie darin besteht, Pattsituationen aufzulösen (Simon 1945, S. 168), trägt sie häufig dazu bei, dass es weitergeht. Das Team bleibt handlungsfähig.

Zudem beschleunigt die informelle Hierarchie Diskussionen und Entscheidungsprozesse. Wenn Sandra ein Machtwort spricht (»Kommt, lasst uns B machen«) und das akzeptiert wird, ist die Diskussion vorbei. Wenn ein paar Teammitglieder im kleinen Kreis entscheiden und der Rest des Teams die Entscheidung mitträgt, ist viel Zeit gespart worden. Alles mit allen bis zum Ende auszudiskutieren, ist nicht immer notwendig und sinnvoll.

Informelle Hierarchie ist also pauschal weder gut noch schlecht. Sie birgt Chancen und Risiken. Als Teamentwickler behalte ich die informelle Hierarchie im Blick und beleuchte ihre Auswirkungen: Führt sie in diesem Team dazu, dass sich Teammitglieder (zu stark) aus der Verantwortung ziehen? Denken noch alle mit und bringen ihre Gedanken ein? Entstehen zehrende Machtkonflikte? Beschleunigt die informelle Hierarchie Entscheidungsprozesse angemessen? Wo ist sie hilfreich, weil sie Pattsituationen auflöst?

Die informelle Hierarchie passt bestenfalls zu den Kompetenzen der Teammitglieder: Bei Datenbankthemen hat Achim als Experte für Datenbanken das letzte Wort. Wenn es um fachliche Prozesse geht, hört das Team vor allem auf Sandra und Jan, weil die beiden dort viel Erfahrung mitbringen. Im besten Fall gibt es im Team also nicht nur *eine* informelle Hierarchie, die Teammitglieder dauerhaft und themenunabhängig in eine Statusordnung reiht, sondern mehrere, die jeweils abhängig vom im Fokus stehenden Thema zum Tragen kommen.

Wie beeinflusse ich die informelle Hierarchie eines Teams?

Wer zur Einschätzung gelangt, dass die informelle Hierarchie eines Teams zu Problemen führt, kann versuchen, sie zu beeinflussen. Gegebenenfalls lässt sich an entscheidbaren Teamregeln (Kap. 2.2) ansetzen, die sich auf die informelle Hierarchie auswirken: Wenn ab sofort Jonas der feste Ansprechpartner für einen Stakeholder ist, erhält er gegenüber seinen Kollegen möglicherweise einen Informationsvorsprung, der dazu führt, dass sein Wort mehr Gewicht erhält. Werden bei wichtigen Entscheidungen zunächst Pro- und Kontra-Argumente auf Karteikärtchen geschrieben und präsentieren danach alle Teammitglieder der Reihe nach ihre Gedanken, führt dies zu einer Angleichung der Redebeiträge. Die Teilnahme an der monatlichen Managementrunde könnte ggf. zwischen den Teammitgliedern rollieren. Teamentwickler können also versuchen, Teamregeln zu etablieren (oder bestehende Teamregeln anzupassen/aufzulösen), um auf die informelle Hierarchie Einfluss zu nehmen.

Wer als Teamentwickler weiß, dass die bestehende informelle Hierarchie bei einigen Teammitgliedern zu Unmut führt, kann dies als Chance für eine Veränderung betrachten. Wie oben bereits angemerkt, nivelliert eine Konfrontation (im Sinne von »Ihr nehmt mich/uns nicht ernst!«) nicht selten die informelle Hierarchie. Teamentwickler könnten einzelne Teammitglieder dazu ermuntern, ihren Unmut zu äußern.

Manchmal hilft es, dem Team die eigenen Beobachtungen und Hypothesen in Bezug auf die informelle Hierarchie darzulegen. Dabei sollten Teamentwickler, um unnötige Kränkungen zu vermeiden, nicht auf generelle Statusunterschiede hinweisen (»In der informellen Hierarchie im Team sehe ich dich ganz unten«), sondern an spezifischen Aspekten ansetzen. Beispiel: »Irgendwie hat es sich hier im Team so eingependelt, dass beim Thema X nur Sandra und Jan diskutieren. Alle anderen erlebe ich passiv. Einige haben heute gar nichts dazu gesagt, obwohl ihr doch bestimmt alle eine Meinung dazu habt!? Wieso ist das so?« oder »Wie kommt es eigentlich, dass immer Sandra und Jan die Teamergebnisse dem Management präsentieren?« Was so eine Intervention im Team auslöst, lässt sich im Vorfeld nicht absehen. Möglicherweise setzt man aber eine Diskussion in Gang, die die informelle Hierarchie ins Wanken bringt oder zumindest in bestimmten Aspekten beeinflusst. (»Ja, ich finde es unfair und würde auch gern mal beim Termin mit dem Management dabei sein.« »Ehrlich gesagt, habe ich dreimal angesetzt, um meine Meinung zu sagen. Aber Jan und Sandra lassen überhaupt keinen Raum dafür. Dann habe ich mich ausgeklinkt.«.

Werden Aspekte angefasst, die die informelle Hierarchie berühren, ist immer mit emotionaler Betroffenheit zu rechnen. Schließlich wird eine Orientierung stiftende Ordnung inklusive der Verteilung von Einflussmöglichkeiten infrage gestellt.

Fazit

In Teams bildet sich immer eine mehr oder weniger stark ausgeprägte informelle Hierarchie aus. Das ist weder zu verhindern noch grundsätzlich schlecht. Die informelle Hierarchie kann Entscheidungsprozesse beschleunigen und Pattsituationen auflösen. Sie kann aber auch Mitdenken und Verantwortungsübernahme der Teammitglieder verhindern oder destruktive Machtkonflikte schüren und sich damit stark auf die Leistung des Teams und die Zufriedenheit der Teammitglieder auswirken. Teamentwickler sollten diese Auswirkungen gut im Blick behalten und gegebenenfalls versuchen, auf die informelle Hierarchie einzuwirken.

7.2 Sollen schwierige Themen immer offen angesprochen werden?

Gedanken eines Teamentwicklers: Der Humor von Torben sei merkwürdig, höre ich ein Teammitglied zum anderen sagen. Als Sabine sich bereit erklärt, am Gespräch mit dem Bewerber teilzunehmen, verdrehen einige Kollegen genervt die Augen. Und dass der perfektionistische Arnold sich um das neue Projekt kümmert, scheint auch nicht allen zu schmecken. Aussprechen tut aber niemand etwas. Als Teamentwickler bekomme ich so einiges mit. Oft hinter geschlossener Tür. Soll ich dafür sorgen, dass die Punkte offen miteinander geklärt werden? Schließlich sollen gute Teams doch offen über alles reden können, oder etwa nicht!?

Teamreflexivität und Teamleistung

So viel vorab: Grundsätzlich sollten Teams in der Lage sein, ihre Arbeit im gemeinsamen Gespräch zu reflektieren. Die Forschung attestiert signifikante Zusammenhänge zwischen Teamreflexivität und Teamleistung (Schippers, Den Hartog a. Koopmann 2007; Konradt et al. 2016). Gute Teams können offen darüber reden, welche Arbeitsmethoden bei ihnen gut funktionieren, was sie aus früheren Erfahrungen lernen und wie sie sich effektiver absprechen. So bewältigen sie schwierige Aufgaben leichter und passen sich besser an neue Anforderungen an. Daher besteht eine Kernaufgabe von Teamentwicklern darin, gute Reflexionsräume im Team zu schaffen. Das gilt vor allem für Teams, die komplexe und wenig standardisierbare Aufgaben zu erledigen haben. Damit Teams von gemeinsamer Reflexion profitieren, müssen die Teammitglieder durch die Art der Aufgabe dazu gezwungen sein, miteinander zu kooperieren (Tjosvold, Tang a. West 2004). Können die Teammitglieder dagegen ihre Aufgaben unabhängig voneinander erledigen, ist gemeinsame Reflexion im Team weniger bedeutsam.

Teams reden nicht offen über alles ...

Viele Teams behaupten von sich, offen über alles sprechen zu können. Wer dann genau hinschaut, stellt fest, dass das nicht stimmt. Teams reden nicht über alles. Zumindest nicht offen. Aufgrund der drängenden Deadline sollte der perfektionistische Teamkollege das eilende Projekt besser nicht übernehmen, und die oft forsch auftretende Kollegin sollte im Bewerbergespräch besser nicht dabei sein, weil sie den Kandidaten abschrecken könnte. Offen aussprechen tut dies jedoch keiner. Vieles von dem, was Teammitgliedern negativ auffällt, behalten diese still und heimlich für sich. Schwierige Themen werden oft, wenn überhaupt, nur hinter geschlossener Tür zwischen Gleichgesinnten besprochen. Wenngleich Herunterschlucken und Tuscheln auf der Hinterbühne nicht zum (Selbst-)Bild eines guten Teams gehört, ist es Realität und findet in allen Teams mehr oder weniger stark ausgeprägt statt.

... und das nicht ohne Grund

Wenn etwas nicht offen thematisiert wird, hat das Gründe. Zumeist wird sozialer Sprengstoff vermutet. Dem neuen Kollegen guten Humor abzusprechen, könnte ihn kränken. Der forschen Kollegin beizubringen, besser nicht an Bewerbergesprächen teilzunehmen, könnte zu einer unangenehmen Spannung führen, und wie der Kollege reagiert, wenn man ihm Perfektionismus rückmeldet, ist ungewiss. Es lässt sich nicht vorhersehen, was passiert. Das macht es so schwierig.

Niemand will einen Konflikt vom Zaun brechen, und das ist durchaus rational: Beziehungskonflikte wirken sich, so sind sich die Forschenden inzwischen ziemlich einig, negativ auf die Teamarbeit aus (Edding 2009a, S. 66 f.). Sie führen zu geringerer Leistung, längerer Abwesenheit, weniger Engagement und niedrigerer Arbeitszufriedenheit. Wenn Teammitglieder Ärger herunterschlucken oder schwierige Rückmeldungen für sich behalten oder sich nur auf der Hinterbühne Luft verschaffen, schützt das die Ruhe des Teams, zumindest vorerst. Das Nichtansprechen schwieriger Themen kann also als positive Leistung der Teammitglieder verstanden werden. Um den Teamfrieden zu schützen, fragen sich die Beteiligten: Was kann ich aushalten und erst einmal für mich behalten? Nicht immer muss alles angesprochen werden. Wir alle haben schon erlebt, dass sich einige Dinge von ganz allein erledigen oder sich manchmal die eigene Sicht auf ein Problem verändert und es dadurch an Brisanz verliert.

Wann wird die Art des Umgangs mit Konflikten ungesund?

Bei der Untersuchung von Problemlöseteams zeigt sich eine umgekehrt U-förmige Abhängigkeit zwischen Konfliktvermeidung und offensiver Konfliktaustragung auf der einen Seite und der Teamleistung auf der anderen Seite (Abb. 4; Stempfle 2005, S. 67). Für hohe Teamleistungen sollten also weder alle Spannungen offensiv angesprochen werden, noch dürfen alle Konflikte vermieden werden. Was innerlich zerreißt oder nachts nicht schlafen lässt, können Teammitglieder nicht dauerhaft in sich hineinfressen. Wer als Teamentwickler derartige Situationen vermutet, sollte für eine Klärung sorgen.

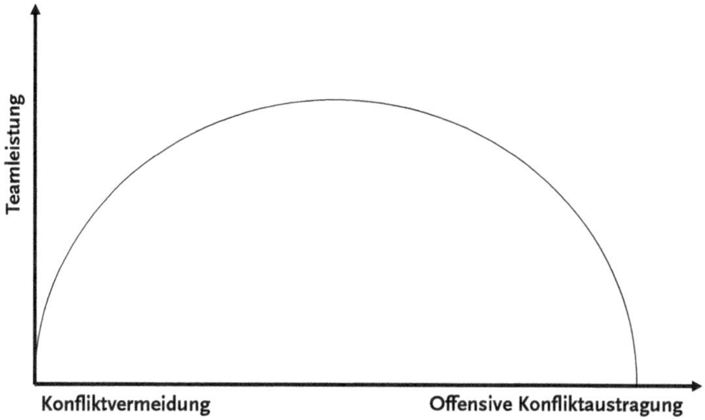

Abb. 4: Teamleistung in Abhängigkeit vom Konfliktverhalten von Teams

Manchmal wären gerade die nicht ausgesprochenen kritischen Rückmeldungen dazu in der Lage, das Team einen großen Schritt nach vorne zu befördern. So sind die wenigsten Teams in der Lage, offen über Leistungseinschätzungen zu sprechen. (»Ich glaube, Jonas wäre besser für die Kundenpräsentation geeignet als du, Henrik.«) Die eigenen Teamkollegen darin zu bewerten, wie sie ihre Aufgaben erfüllen, ist ein typisches *Tabu* (Schattenhofer 2009, S. 461 f.). Niemand soll sich unter formal gleichrangigen Teammitgliedern als Chef aufspielen.

Gleichzeitig liegen im offenen Austausch über Leistungseinschätzungen vielfältige *Entwicklungschancen*. Das einzelne Teammitglied bekommt Anregungen über potenzielle Lernfelder und das Team als Ganzes kann seine Teammitglieder je nach Stärken und Schwächen zieldienlicher einsetzen. (»Ich bin dafür, dass Jonas das übernimmt, weil er ...«) Tabus schützen Teams vor schwierigen Konflikten. Sie können das Team aber auch in ihrer Weiterentwicklung hindern.

Versuche ich als Teamentwickler, Tabus zu brechen?

Ein Tabu zu erkennen, ist die erste Herausforderung. Danach gilt es einzuschätzen, wie es sich auf Leistung und Weiterentwicklung des Teams auswirkt. Viele Tabus sind aus Organisationsperspektive funktional. So wird beispielsweise das Thema Entlohnung meist tabuisiert, was Team und Organisation zumindest vor schwierigen Diskussionen schützt. (»Wieso bekommt der mehr als ich?«) Aus der Perspektive der Organisation kann es also durchaus hilfreich sein, dass über bestimmte Themen nicht gesprochen wird.

Andersherum gibt es aber auch Tabus, die kritisch zu bewerten sind – zum Beispiel das oben beschriebene Tabu, über Leistungseinschätzungen zu sprechen. Selbstgesteuerte Teams sollten in der Lage sein, kritische Leistungsrückmeldungen untereinander auszutauschen. Kann in einem Team nicht ausgesprochen werden, dass Julia für die wichtige Kundenpräsentation besser geeignet ist als Klaus und sie die Präsentation deswegen übernehmen soll, ist das ein Problem.

Als Teamentwickler kann man versuchen, *Leistungseinschätzungen besprechbar* zu *machen.* Anstatt aber sofort alle schwierigen Rückmeldungen schonungslos auf den Tisch zu heben, ist hier Fingerspitzengefühl angebracht. Ein mögliches Vorgehen kann folgendermaßen aussehen: »Weil die anstehende Präsentation so wichtig ist, sollte sie von jemandem übernommen werden, von dem wir denken, dass er oder sie die Aufgabe richtig gut machen wird. Ich schlage vor, dass alle gleich der Reihe nach eine Kollegin oder einen Kollegen für diese Aufgabe nominieren und kurz erläutern, warum sie ihn oder sie für eine gute Wahl halten. Dann fragen wir die Nominierten, ob sie diese Aufgabe übernehmen würden, und falls dann mehrere Kandidaten zur Verfügung stehen, stimmen wir zwischen diesen ab. Passt dieses Vorgehen für euch?«

Mit diesem *Nominierungsverfahren* werden Leistungseinschätzungen relativ dezent thematisiert. Es steht nicht im Vordergrund, wer ungeeignet ist, sondern wer sich besonders gut für die entsprechende Aufgabe eignet. Trotzdem entstehen bei Nicht-Nominierten möglicherweise Fragezeichen oder Selbstzweifel. (Wieso hat mich niemand nominiert? Trauen mir die anderen die Aufgabe nicht zu?) Es kann hilfreich sein, im Anschluss noch mal in die Runde zu fragen: »Wie war das jetzt für euch? Wie geht es euch damit? Wie geht es den Nicht-Nominierten?« Manchmal ergibt sich dann aus einer Rückmeldung (»Mich wundert schon, dass mich niemand vorgeschlagen hat.«) ein wertvolles Feedback für den enttäuschten Teamkollegen: »Also ich halte dich für sehr eloquent. Das sehe ich als eine Stärke von dir. Aber ich hatte zuletzt das Gefühl, dass du Kunden gegen die Wand redest ...« Solche Diskussionen bringen Teams und ihre Mitglieder häufig voran, auch wenn sie manchmal schmerzhaft sind. Wenn Teamentwickler es schaffen, leistungsbezogenes Feedback im Team besprechbar zu machen, leisten sie einen großen Beitrag fürs Team.

Fazit

Teams, die in der Lage sind, ihre Zusammenarbeit gemeinsam zu reflektieren und schwierige Aspekte miteinander zu besprechen, erzielen höhere Leistungen. Gleichzeitig gilt aber: Wer immer offen ist, ist nicht ganz dicht. Nicht alles, was im Raum steht, soll und muss besprochen werden. Manchmal schützt es den Teamfrieden, wenn die Teammitglieder etwas für sich behalten. Daher sollten Teamentwickler nicht alles, was sie mitbekommen, auf den Tisch legen, um es im Team zu klären.

Kritisch wird es, wenn Mitarbeiter mit Bauchschmerzen zur Arbeit kommen oder nachts wach liegen. Spätestens dann ist eine Klärung fällig. Auch aus der Perspektive der Organisation gilt es, immer wieder schwierige Themen zu besprechen. Wenn im Team beispielsweise nicht offen über Leistungseinschätzungen gesprochen werden kann, wirkt sich das negativ auf die Entscheidungen des Teams aus. (Dann lassen wir die Kundenpräsentation halt Klaus machen. Auch wenn er dafür eigentlich nicht geeignet ist ...)

7.3 Die psychologische Sicherheit im Team ist gering. Was kann ich tun?

Gedanken eines Teamentwicklers: Nach einem Teamtermin bekomme ich oft Anrufe von Teammitgliedern. Sie finden die getroffene Entscheidung nicht so gut und hätten eine ganz andere Idee gehabt. Wenn ich dann frage, warum sie das nicht im Team angesprochen haben, höre ich Sätze wie »Dann hätte sich Dominik wieder aufgeregt« oder »Naja, am Ende wissen es die anderen ja doch besser«. Ich wundere mich auch immer wieder, dass Teammitglieder bei inhaltlichen Problemen bei ihren Kollegen keine Hilfe suchen. Manchmal scheint es, als würden sie den Kontakt untereinander meiden. Da stimmt doch was nicht.

Wenn Teammitglieder ihre Ideen für sich behalten, weil sie befürchten, dass ihre Kollegen die Augen verdrehen, und sich nicht trauen, um Hilfe zu bitten, weil sie befürchten, belehrt zu werden, sind das Symptome für eine gering ausgeprägte psychologische Sicherheit. *Psychologische Sicherheit* ist definiert als die *Überzeugung, dass die Arbeitsumgebung sicher genug ist, um darin zwischenmenschliche Risiken einzugehen* (Edmondson 2020, S. 7).

Zwischenmenschliche Risiken können, neben den eben genannten Punkten, darin bestehen, aufgrund vermeintlich »dummer« Fragen als inkompetent dazustehen oder damit rechnen zu müssen, durch das Ansprechen kritischer Punkte unangenehme Streitereien auszulösen. Psychologische Sicherheit ist kein Persönlichkeitsmerkmal der Teammitglieder, es ist die *gemeinsame Atmosphäre, die sich durchs Team zieht.*

Menschen, die im Team zusammenarbeiten, tendieren dazu, ähnliche Wahrnehmungen zu entwickeln, inwieweit sich im Team zwischenmenschliche Risiken eingehen lassen. Diese gemeinsame Überzeugung, die sich auf das Team als Ganzes und nicht nur auf einzelne Kollegen bezieht, ist die psychologische Sicherheit. Psychologische Sicherheit ist nicht mit einer reibungsfreien Wohlfühlatmosphäre gleichzusetzen. Im Gegenteil, erst die psychologische Sicherheit ermöglicht es, konträre Sichtweisen auf den Tisch zu legen und miteinander auszufechten. Nur wer sich auf der Beziehungsebene sicher ist (»Die werden mich schon nicht abschreiben oder gar rausmobben ...«), kann seinen Standpunkt selbstbewusst vertreten.

Inzwischen belegt eine Vielzahl an Studien, dass die Bedeutung der psychologischen Sicherheit für die Arbeit von Teams kaum genug zu betonen ist (Edmondson a. Bransby 2023). Ist die psychologische Sicherheit gering, dann sprechen Teammitglieder wertvolle Gedanken nicht aus, sodass kreative Ideen und gute Entscheidungen, die erst im gemeinsamen Diskurs entstehen, auf der Strecke bleiben. Darüber hinaus bestehen Praktiken und Prozesse in psychologisch unsichereren Teams oft lange unhinterfragt. Die gemeinsame Weiterentwicklung ist blockiert – auch weil die Teamkollegen kaum voneinander lernen. (Sie bitten sich nicht gegenseitig um Hilfe ...)

Überraschenderweise beeinflusst die psychologische Sicherheit innerhalb des Teams sogar die Qualität der Zusammenarbeit mit anderen Teams. Teammitglieder, die sich in ihrem »Heimatteam« psychologisch sicher fühlen, vertreten ihr Team besser an den Schnittstellen zu anderen Organisationseinheiten (Bienefeld a. Grote 2014).

Wie lässt sich psychologische Sicherheit gezielt fördern?

Wer als Teamentwickler in seinem Team eine niedrige psychologische Sicherheit vorfindet, steht vor der Frage, wie sich diese erhöhen lässt. Weiche Faktoren wie die psychologische Sicherheit eines Teams sind leider nur schwer zu beeinflussen (Kap. 6.3). Gemeinsam abgestimmte Teamregeln wie »Wir reagieren wertschätzend auf Ideen anderer, selbst wenn wir anderer Meinung sind« lassen sich nicht einfach handlungswirksam miteinander vereinbaren.

Dennoch gibt es Ansatzpunkte. Bestimmte Verhaltensweisen fördern die psychologische Sicherheit (Edmondson 2020, S. 134 ff.) und können vom Teamentwickler vorgelebt wird. Wann immer Führungspersonen (zu ihnen gehören Teamentwickler) sich fehlbar zeigen, kann sich das positiv auf die psychologische Sicherheit auswirken. Wer aus einer Selbstverständlichkeit heraus Schwäche zeigt, Fehler eingesteht und verdeutlicht, dass das eigene Wissen begrenzt ist, signalisiert damit zwischen den Zeilen: »Es ist ganz normal, nicht alles richtig zu machen und gelegentlich überfordert zu sein. Das ist okay.«

Es ist deutlich einfacher, um Hilfe zu bitten, wenn niemand alles wissen muss. Wer als Teamentwickler signalisiert, nicht auf alles schon die richtige Antwort im Kopf zu haben, lädt andere dazu ein, ihre Ideen auszusprechen. Ein anderes einfaches Mittel besteht darin, um Feedback zu bitten: »Habt ihr mal ein Feedback zur Präsentation vorhin? Ich hatte das Gefühl, hakelig gewesen zu sein.« Wer dabei schon Hypothesen über mögliche »Kritikpunkte« benennt, sendet auch hier die Subbotschaft »Mir ist schon bewusst, dass ich nicht alles perfekt mache, und damit bin ich fein« mit.

Wenn Teammitglieder zwischenmenschliche Risiken eingehen (um Hilfe bitten, Kritik aussprechen, unpopuläre Ideen anbringen, …), spielt die Reaktion darauf eine bedeutende Rolle. Auf eine gestellte Frage oder eine nicht zu Ende gedachte Idee sollten Teamentwickler keinesfalls mit Augenrollen antworten. Und wer auf einen Verbesserungsvorschlag mit Aufruhr (»So ein Quatsch!«) reagiert, mindert die psychologische Sicherheit, statt sie zu fördern.

Wer also hin und wieder die eigene Fehlbarkeit durchblicken lässt, kann als Teamentwickler Einfluss auf die psychologische Sicherheit im Team nehmen. Dieser Einfluss ist aber begrenzt. Denn natürlich kommt es nicht nur auf das Verhalten des Teamentwicklers an, sondern auch auf das Verhalten der Teammitglieder untereinander.

Es stellt sich also die Frage, was Teamentwickler tun können, um Verhaltensweisen der Teammitglieder wahrscheinlicher zu machen, welche die psychologische Sicherheit fördern. Neben dem Vorleben durch das eigene Verhalten gibt es weitere Ansatzmöglichkeiten. Sollte ein Teammitglied Schwäche zeigen (»Ich bin vor den Kundengesprächen ganz schön aufgeregt.«), können Teamentwickler dies als Chance nutzen und in die Runde fragen: »Wer kennt das auch?« Wenn sich dann ein Kollege meldet (»Mir geht das auch oft so«), wird die Unsicherheit ein Stück weit normalisiert. Es wird deutlich, dass es okay und normal ist, nicht immer souverän über den Dingen zu stehen. Das zwischenmenschliche Risiko, aufgrund von Schwächen, Unsicherheiten oder Defiziten von seinen Kollegen verurteilt zu werden, sinkt. Was wiederum bedeutet: Die psychologische Sicherheit steigt.

Bevor Teamentwickler aber in die Runde fragen, wer die offenbarten Gefühle des Kollegen nachvollziehen kann, sollten sie abschätzen, ob sich mindestens ein Teamkollege melden wird. Sollte der Kollege nämlich feststellen, mit seinen Sorgen und Ängsten ganz allein dazustehen, wäre das kontraproduktiv. Wer aber schon an den nonverbalen Reaktionen der Teammitglieder erkennt, dass sie mit ihrem Kollegen mitfühlen, muss hier wenig Bedenken haben.

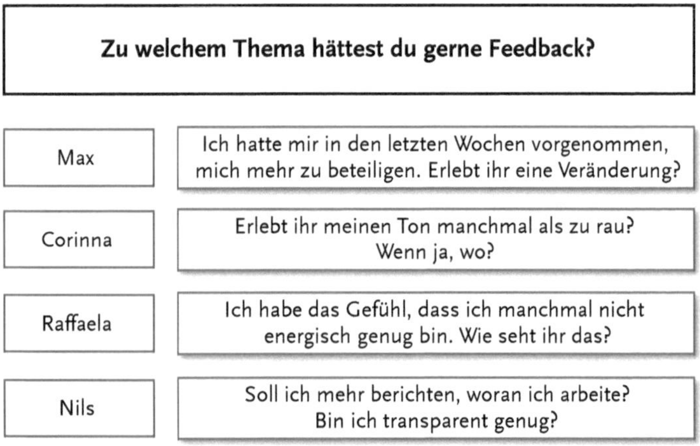

Abb. 5: Feedbackübung

Eine ganz konkrete Teamintervention könnte darin bestehen, die Teammitglieder dazu zu ermuntern, sich gegenseitig um Feedback zu bitten: »Überlegt euch bitte bis zum Teamworkshop am Donnerstag einen Feedbackwunsch und formuliert diesen als Frage an die Kollegen.« Dabei sollten Teamentwickler darauf hinwirken, dass die Formulierungen den entsprechenden Subtext (»Ich mache auch nicht alles perfekt«) enthalten. Siehe dazu auch Abbildung 5. Hier gilt es, im Vorfeld sicherzustellen, dass alle Beteiligten bereit sind, sich auf diese Übung einzulassen.

Wer als Teamentwickler versucht, psychologische Sicherheit zu fördern, sollte Geduld mitbringen. Klar ist: Eine Veränderung wird nicht von heute auf morgen eintreten. Ob eigene Verhaltensveränderungen den erwünschten Effekt haben, lässt sich auch nicht sicher vorhersagen. Neben den beschriebenen Verhaltensweisen sollten Teamentwickler die *Rahmenbedingungen des Teams* in den Blick nehmen. Denn auch diese können sich förderlich oder hinderlich auf die psychologische Sicherheit auswirken:

Druck von außen erhöht das Stresslevel der Beteiligten. Wer unter hohem Zeitdruck steht, reagiert möglicherweise eher schroff und abweisend auf die Bitte um Hilfe. Stehen Teammitglieder aufgrund der Anreizstrukturen (nur der Beste im Team bekommt einen Bonus) miteinander in Konkurrenz, wird kaum jemand Schwäche zeigen. Auch die Teamzusammensetzung gehört zu den Rahmenbedingungen des Teams und wie sich in Kapitel 7.4 noch zeigen wird, können sich einzelne Teammitglieder äußerst negativ auf das Team als Ganzes auswirken.

Fazit

Wenn Mitarbeiter sich nicht trauen, Ideen oder Bedenken zu äußern, um Hilfe zu bitten oder Fragen zu stellen, weil sie eine schwierige zwischenmenschliche Situation befürchten, ist dies ein Zeichen für eine geringe psychologische Sicherheit im Team. Effektive Teamarbeit ist dann kaum möglich. Teamentwickler sollten daher versuchen, die psychologische Sicherheit zu fördern. Sie können selbst Verhaltensweisen vorleben, die die psychologische Sicherheit erhöhen können (z. B. eigene Fehlbarkeit verdeutlichen), oder Situationen schaffen, in denen es wahrscheinlich ist, dass Teammitglieder untereinander entsprechende Verhaltensweisen zeigen. Gegebenenfalls können sie auf hinderliche Rahmenbedingungen (Anreizstrukturen, Zeitdruck, ...) positiv einwirken.

7.4 Was tun, wenn »schwierige« Kollegen das Klima belasten?

Gedanken eines Teamentwicklers: »Ohne Achim wäre alles so viel einfacher. Mit seiner schlechten Stimmung zieht er das ganze Team nach unten. Sein abwertender Tonfall ist einschüchternd. Einige trauen sich in den Meetings nicht mal mehr, etwas zu sagen, wenn Achim dabei ist. Nicht nur das: Er weigert sich auch, Betriebsaufgaben zu übernehmen. Wenn das alle täten, hätten wir ein echtes Problem. Eine Kollegin denkt darüber nach, das Team zu verlassen ... So kann es nicht weitergehen. Am liebsten wäre mir, er geht. Aber so leicht ist das nicht. Achim ist der Einzige, der sich mit der Datenbank auskennt. Das Team ist also auf sein Fachwissen angewiesen. Wie soll ich mit der Situation umgehen?«

Bevor Teamentwickler jemanden in die *Schublade der »schwierigen Mitarbeiter«* stecken, sollten sie ihre Sichtweise gut überprüfen: Ist Achims Tonfall wirklich so schlimm, oder triggert er nur mich, weil er eine Meinung vertritt, die von meiner abweicht? Trauen sich die Leute in seiner Anwesenheit nicht, etwas zu sagen, oder sind sie einfach vom Thema überfordert? Ist es womöglich sogar sinnvoll, dass Achim sich aus den Betriebsthemen raushält, weil seine Expertise an anderer Stelle viel besser eingesetzt ist?

Wann immer jemand von einem schwierigen Kollegen spricht, ist das zunächst einmal eine *subjektive Einschätzung*. Die Forschung zeigt, dass Menschen dazu tendieren, unklare Probleme auf einzelne Teammitglieder zu schieben, insbesondere auf solche, die nicht gemocht werden (Naquin a. Tynan 2003). Die große Gefahr besteht darin, jemanden, der legitime Bedenken äußert und wertvolle Kritik anbringt, als negative oder gar toxische Person abzustempeln.

Man könnte auch fragen, ob es »an sich« schwierige Mitarbeiter/Menschen überhaupt gibt oder ob ihr Verhalten immer nur in einem bestimmten Kontext von bestimmten Menschen als schwierig bezeichnet wird. (Zumindest beschreiben sich die meisten Menschen selbst nicht selbst als »schwierig«.) Diese philosophisch anmutende Frage lasse ich an dieser Stelle unbeantwortet.

Unabhängig davon, ob es schwierige Persönlichkeiten gibt oder nicht, hat Schubladendenken praktische Konsequenzen: Wer Menschen den Stempel »schwierig« aufdrückt, wird es schwerer haben, ihnen auf Augenhöhe zu begegnen und eine vertrauensvolle Beziehung zu ihnen herzustellen. Was aber auch klar ist: Es gibt Verhaltensweisen, die sich hochgradig negativ auf die Leistung von Teams auswirken. So benennen die Autoren einer umfangreichen Metastudie zum Thema »schwierige Mitarbeiter und deren Auswirkungen auf Teams« *drei Kategorien von destruktiven Verhaltensweisen* (Felps, Mitchell a. Byington 2006, p. 181 ff.):

- Die *Verletzung zwischenmenschlicher Normen* (sich über andere lustig machen, Verletzendes sagen, jemanden anschreien, jemanden öffentlich blamieren, unangemessene ethnisch oder religiös konnotierte Bemerkungen machen) führt zu Ärger und Misstrauen der Kollegen. Der Fokus schwindet von der eigentlichen Aufgabe des Teams und richtet sich auf den Störer.
- Teammitglieder, die *kontinuierlich eine negative Stimmung oder Einstellung zum Ausdruck bringen,* stecken damit ihre Kollegen an. Studien über das Phänomen der emotionalen Ansteckung zeigen beispielsweise, dass Teilnehmer, die wütende Gesichtsausdrücke beobachten, selbst schneller wütend werden (Dimberg a. Öhman 1996). Negative Emotionen behindern eine effektive Zusammenarbeit im Team. Im schlimmsten Fall verlassen Mitglieder das Team, um den negativen Gedanken und Gefühlen zu entkommen.
- Wenn sich Teammitglieder *bewusst nicht anstrengen* oder es für die Kollegen zumindest so aussieht, entsteht ein Gefühl der Ungerechtigkeit. (»Der schiebt doch eine ruhige Kugel, weil der weiß, dass wir das schon übernehmen.«) Auch hier besteht Ansteckungsgefahr. (»Ich will nicht der Dumme sein, der alles macht.«)

Wenn Teammitglieder, immer wieder zwischenmenschliche Normen verletzen, kontinuierlich eine negative Stimmung zum Ausdruck bringen und/oder ihre Anstrengung gezielt zurückhalten, ist das ein Problem. Vor allem in Teams, in denen Teammitglieder bei der Ausführung ihrer Aufgaben stark voneinander abhängig sind, fallen »Störenfriede« stark ins Gewicht.

Die negativen Konsequenzen schaukeln sich innerhalb des Teams oft weiter auf. Teammitglieder lassen sich von der Negativität anstecken, werden angespannter im Umgang und nehmen sich ebenfalls zunehmend aus der Verantwortung. Ein fauler Apfel kann den ganzen Korb verderben (Felps, Mitchell a. Byington 2006) – ein in der Praxis oft unterschätztes Phänomen mit verheerenden Konsequenzen. Mit der Zeit distanzieren sich die Teamkollegen, indem sie ihr Engagement reduzieren oder sich anderweitig umschauen. Aus Sicht des Teamentwicklers ist Nichtstun also keine Option. Welche Möglichkeiten bestehen, mit der Situation umzugehen?

Eine naheliegende Option besteht darin, das »schwierige« Teammitglied auf sein Verhalten anzusprechen. In der Hoffnung, dass eine Konfrontation eine gewisse Einsicht erzeugt oder zumindest wachrüttelt, könnten Teamentwickler diese vermeintlich unangenehme Aufgabe selbst übernehmen. Alternativ können Teamentwickler einen *Rahmen für eine Konfrontation durch die Kollegen schaffen.*

Womöglich ist der Effekt größer, wenn das Feedback von den Kollegen selbst kommt. Teamentwickler sollten im Vorfeld abschätzen beziehungsweise klären, inwieweit die Teammitglieder tatsächlich bereit sind, ihren Unmut zu äußern. Ein konfrontierendes Gespräch anzuberaumen, ist nur dann sinnvoll, wenn die Bereitschaft besteht, sich zu positionieren. Scheint die Situation besonders schwierig, weil konstruktive Gespräche bislang kaum möglich waren oder sich die Meinungen zum vermeintlichen Störenfried bei den Teammitgliedern stark unterscheiden (»Mich stört das nicht« vs. »Entweder geht er oder ich gehe«), könnte eine *(Team-)Mediation* anberaumt werden (Kap. 7.5). Sollte eine Konfrontation durch den Teamentwickler oder die Teamkollegen nicht den gewünschten Effekt haben, besteht meist noch die Option, die disziplinarische Führungskraft einzubinden. Eventuell hat das hierarchische Wort aufgrund der Sanktionsmöglichkeiten höheres Gewicht.

Wenn die konfrontierenden Gespräche dennoch keine positive Veränderung zur Folge haben, ist die Ernüchterung oft groß. Sobald nicht mehr daran geglaubt wird, dass sich der »Störenfried« in seinem Verhalten ändern kann, ertönt der Ruf nach disziplinarischen Maßnahmen. (»Dann müssen wir den aus dem Team nehmen.«) Bevor ein »schwieriges« Teammitglied ein Team als Ganzes herunterzieht, sollten Disziplinarmaßnahmen (z. B.: Versetzung) ernsthaft erwogen werden. Jemand, der sich kontinuierlich »danebenbenimmt«, wirkt sich aufs Team oft fatal aus. Personalverantwortliche müssen sich dessen bewusst sein.

Richtig knifflig wird es, wenn alle Konfrontationsversuche erfolglos bleiben und das Team dennoch auf den Einsatz der besagten Person zum Beispiel aufgrund einer besonderen Expertise angewiesen ist. (»Wenn wir den abgeben, fehlt uns das Wissen. Ohne ihn können wir unseren Job nicht machen.«) Nimmt man für den Teamfrieden in Kauf, dass ein wichtiger Know-how-Träger fehlt und das Team nicht arbeitsfähig ist? Vielleicht sogar für einen längeren Zeitraum? Oder mutet man dem Team zu, sich mit dem Kollegen irgendwie zu arrangieren, die spitzen Kommentare zu ignorieren und die Negativität auszuhalten? Riskiert man, dass sich Teamkollegen vom Team distanzieren und ihr Engagement zurückfahren? Es gibt Situationen, für die es keine einfache Lösung gibt, und diese gehört eindeutig dazu.

Nehmen wir einmal an, das Team muss sich mit dem »schwierigen« Kollegen arrangieren, und gehen wir zudem davon aus, dass weitere konfrontierende Gespräche zwecklos wären. In diesem Fall kann das Team versuchen, die Kontaktpunkte zum Kollegen zu reduzieren. Zum Beispiel durch klarere Abgrenzungen der Verantwortungsbereiche, die Zuweisung von Aufgaben, die der Störenfried allein bearbeiten kann, oder durch Meetings in kleineren Runden. Interessanterweise wählen Teams in derartigen Situationen oft automatisch und mehr oder weniger unbewusst *Kontaktvermeidungsstrategien.* Teamentwickler können aber auch gezielt darauf hinwirken. Dabei handelt es sich um Notlösungen, auf die nicht leichtfertig zugegriffen werden sollte. Die Grundidee eines Teams lässt sich mit der Strategie der Kontaktvermeidung nur schwerlich unter einen Hut bringen. Manchmal sind Notlösungen aber besser als gar keine Lösungen.

Fazit

Ein fauler Apfel kann den ganzen Korb verderben. Wenn ein Teammitglied immer wieder zwischenmenschliche Normen verletzt, kontinuierlich negative Stimmungen zum Ausdruck bringt und/oder seine Anstrengung gezielt zurückhält, sollten Teamentwickler dafür sorgen, dass etwas unternommen wird. Falls klärende Gespräche nicht den erhofften Effekt haben, sind Vorgesetzte für potenzielle disziplinarische Maßnahmen heranzuziehen. Eine Notlösung könnte darin bestehen, die Kontaktpunkte zwischen Team und dem schwierigen Kollegen bewusst zu reduzieren.

7.5 Braucht mein Team eine Mediation?

Gedanken eines Teamentwicklers: Jedes Mal, wenn wir als Team zusammenkommen, habe ich Angst, dass es knallt. Die Lage ist extrem angespannt. In den letzten Wochen haben vermeintliche Kleinigkeiten das Fass immer wieder zum Überlaufen gebracht. Als Scrum Master ist es vermutlich mein Job, die Konflikte anzugehen. Ich habe sie in der Retro angesprochen. Allerdings ohne Erfolg. Ehrlich gesagt, bin ich überfordert und vermutlich auch schon längst Teil des Konflikts. Was soll ich machen? Brauchen wir eine Mediation?

Wie in Kapitel 7.2 erläutert, muss und soll nicht jedes konflikthafte Thema sofort auf den Tisch gelangen, um es zu klären. Teamentwickler versuchen, die Situation einzuschätzen. Dabei hilft ein Blick auf die Konsequenzen des Konflikts: Welche Folgen zieht dieser nach sich? Konflikthafte Auseinandersetzungen müssen nämlich nicht immer schlecht sein. Ringen Teammitglieder um die sachlich beste Lösung, ist das für die Organisation oft funktional. Selbst wenn es im Team hoch hergeht und der Ton rau ist, führen Sachkonflikte letztendlich dazu, dass vielfältige Argumente diskutiert werden und in die Entscheidungen des Teams eingehen. Wenn ich als Teamentwickler versuche, diese Konflikte im Zaun zu halten oder gar zu unterbinden, riskiere ich, wichtigen Austausch zwischen den Teammitgliedern zu verhindern.

Häufig haben Konflikte dennoch hochgradig negative Konsequenzen, sowohl für die Mitarbeiter als Menschen als auch für die Organisation, wie folgende *Beispiele* zeigen:

- Teams sind nicht in der Lage, eine Pattsituation aufzulösen, und daher entscheidungs- und somit handlungsunfähig.
- Das Lästern über Kollegen sowie das Austragen der Streitgespräche kostet viel Zeit und Energie, die damit gebunden ist und nicht anderweitig genutzt wird. So zeigt die Konfliktkostenstudie von KPMG (Audi et al. 2009, S. 20): 10–15 Prozent der Arbeitszeit in Unternehmen wird für die gedankliche Beschäftigung mit und die tatsächliche Austragung von Konflikten verwendet.

- Die Teammitglieder kommen mit Frust und Bauschmerzen zur Arbeit. Der Krankenstand steigt.
- Die Teammitglieder beginnen sich von ihrer Tätigkeit im Team zu distanzieren und schauen sich nach neuen Jobs oder Einsatzmöglichkeiten um. Wertvolle Kompetenzträger wandern ab.
- Kollegen meiden den Kontakt, obwohl Austausch und Absprachen wichtig wären. Es wird viel Zeit investiert, um eine eigene Lösung zu finden, anstatt auf die Expertise des Kollegen zuzugreifen. (»Du kennst dich damit doch aus, kannst du mal eben …«)
- Das Handeln der Teammitglieder zielt mehr und mehr darauf ab, sich darzustellen. (»Wenn die nicht sehen, was ich hier leiste, dann dokumentiere ich jetzt alles haarklein.«) Die inhaltliche Sinnhaftigkeit gerät aus dem Fokus.

Wenn Konflikte derartige Konsequenzen nach sich ziehen, sollte etwas getan werden. Die Frage ist nur: Was? Manche Konflikte können mit der hierarchischen Entscheidung einer Führungskraft beendet werden. (»Ihr nehmt Option B. Schluss mit der Diskussion!«) Wird das von allen Teammitgliedern akzeptiert, ist das Thema erst mal vom Tisch. Auch personelle Veränderungen können Konflikte auflösen. (»Dann arbeitet ihr jetzt in verschiedenen Teams.«)

Kann (bzw. soll) der Konflikt nicht durch ein hierarchisches Machtwort aus der Welt geschafft werden, ist Mediation oft ein probates Mittel. Ein Mediator hilft dabei, die verschiedenen Sichtweisen zu klären, emotionale Blockaden aufzulösen und das Team zu passenden Lösungen zu begleiten. Wer als Teamentwickler Mediationskompetenz mitbringt, kann hier selbst die Rolle des Mediators einnehmen. Zumindest solange er nicht in den Konflikt verwickelt ist und ihm die Konfliktparteien die notwendige Neutralität zuschreiben. Ansonsten können und gegebenenfalls sollten Teamentwickler auf Unterstützung durch einen externen Mediator hinwirken.

Mediation als Chance begreifen

Ich habe die Frage »Braucht mein Team eine Mediation?« so gestellt, wie ich sie in der Praxis immer mal wieder gestellt bekomme. Die Formulierung tut mir innerlich ein bisschen weh. Sie klingt nach dem allerletzten Ausweg: Ist es schon so schlimm? Kommen wir da anders nicht mehr raus? Ist der Konflikt wirklich so stark eskaliert? Nicht selten geht die Anfrage einer Mediation mit Scham einher: »Wir haben hier die Kontrolle verloren. Alles ist aus den Fugen geraten. Wir können uns leider nicht mehr anders behelfen.«

Was dabei übersehen wird: Mediation ist ein äußerst effektives Mittel, die Besprechbarkeit schwieriger Themen und damit die Reflexionsfähigkeit eines Teams zu erhöhen. Anstatt auf Mediation nur als allerletzte Lösung zurückzugreifen, sollte man sie *als Chance begreifen*. Im Rahmen einer (gut durchgeführten) Mediation wird das Menschliche hinter der beruflich meist gut gepflegten Fassade sichtbar, und häufig entsteht ein tieferes Verständnis füreinander. Teams, die es im Rahmen einer Mediation gemeinsam schaffen, Konflikte zu bearbeiten, gelangen oft zu der wertvollen Erkenntnis: Auch wenn es anstrengend ist, sind wir als Team in der Lage, die schwierigen Themen miteinander zu klären. Aufgrund der emotionalen Tiefe ist die Erfahrung einer Mediation für Teams oft prägend. Um es etwas pointiert zu formulieren: Mediation ist nicht der letzte Ausweg, sondern die *Möglichkeit, ein Team sprunghaft nach vorne zu bringen*.

Teamentwickler sollten also nicht fragen, ob ihr Team eine Mediation braucht, sondern, ob eine Mediation mit dem Team sinnvoll anwendbar ist. Dafür müssen Konflikte nicht immer schon hochgradig eskaliert sein. Im Gegenteil: Zum einen bergen auch kleinere Konflikte die Chance, als Team gemeinsam zu wachsen (höhere Besprechbarkeit schwieriger Themen, emotionale Verbundenheit …). Zum anderen tendieren Konflikte dazu, im Zeitverlauf zu eskalieren (Glasl 1980, S. 209 ff.). Wer also zu lange abwartet, verpasst möglicherweise den Moment, zu dem Konflikte mit Mediation überhaupt noch sinnvoll bearbeitet werden können.

Nicht jede Mediation endet im Sonnenschein, und vor allem ist der Ausgang einer Mediation nicht vorherzusehen. Wer als Mediator Harmonie verspricht, steht unter Verdacht, ein Scharlatan zu sein. Aber auch eine Mediation, die nicht in Harmonie endet, kann ein Team voranbringen. Die unterschiedlichen Standpunkte liegen klar und deutlich auf dem Tisch, und auf der Grundlage dieser Klarheit lassen sich angemessene Entscheidungen treffen. (»Die Wunden sind zu tief, um weiter so zusammenzuarbeiten. Lasst uns schauen, dass wir auf verschiedene Teams verteilt werden.«)

Fazit

Um zu einer Einschätzung zu gelangen, ob ein Team eine Mediation braucht, sollten Teamentwickler die Konsequenzen des Konflikts betrachten: Führt ein Konflikt dazu, dass um Sachargumente gerungen wird, oder legt er das Team lahm? Mediation kann ein wirksames Mittel zur Auflösung bestehender Konflikte sein. Darüber hinaus lässt sich Mediation als Instrument zur Teamentwicklung betrachten, weil sie in vielen Fällen die Besprechbarkeit schwieriger Themen und damit die Reflexionsfähigkeit von Teams erhöht.

Eine tiefergehende Beschäftigung mit Ablauf, Wirkungsweise und Methodik von Mediation und Konfliktklärung würde den Rahmen dieses Buches sprengen. Interessierten empfehle ich die Bände 2 und 3 der Klärungshilfe (Thomann 1998; Thomann u. Prior 2007).

8 Selbststeuerung fördern

Teams können ihre Arbeit innerhalb bestimmter Rahmen selbst gestalten. Die Freiheitsgrade sind von Team zu Team unterschiedlich. So dürfen beispielsweise Scrum-Teams im Software- oder Produktentwicklungsumfeld meist selbst darüber entscheiden, wie sie die Arbeit untereinander aufteilen und wie sie Meetings gestalten, sowie ein Stück weit selbst miteinander aushandeln, was von den verschiedenen Rollen im Team zu erwarten ist. Einige Teams bestimmen selbst darüber, was sie entwickeln. Andere erhalten bereits klar definierte Anforderungen. Wie groß die Freiheitsgrade eines Teams auch sind – um die vorhandenen Gestaltungsspielräume adäquat auszufüllen, müssen Teams in der Lage sein, tragfähige Entscheidungen zu treffen, das Verhalten der Teammitglieder zu koordinieren und gemeinsam Verantwortung zu übernehmen. Mit anderen Worten: Sie müssen sich selbst steuern. Teamentwickler haben häufig die Aufgabe, die Selbststeuerungskompetenz von Teams zu fördern.

Wir nehmen in diesem Kapitel *Teams formal gleichrangiger Teammitglieder* in den Fokus, weil Selbststeuerungskompetenzen dort am stärksten ins Gewicht fallen. Ich bezeichne im Folgenden Teams, die den Großteil ihrer täglichen Arbeit ohne direktes Mitwirken einer hierarchisch übergeordneten Führungskraft erledigen, als *selbstgesteuerte Teams*.

Gleichwohl ist anzumerken, dass Selbststeuerung auch in Teams mit klassischen Führungsrollen eine bedeutende Rolle spielt. So sind Teamleiter auch hier darauf angewiesen, dass sich ihre Teammitglieder untereinander koordinieren, miteinander Entscheidungen treffen und Verantwortung übernehmen. Das Ausmaß der notwendigen Selbststeuerung unterscheidet sich dabei von Team zu Team und Situation zu Situation.

Wir beginnen mit der Frage, ob es in Teams formal gleichrangiger Teammitglieder nicht doch jemanden braucht, der sagt, wo es langgeht (Kap. 8.1), und fragen uns anschließend, wieso oft schon vermeintlich einfache Abstimmungen in selbstgesteuerten Teams zu Problemen führen (Kap. 8.2). Danach rücken wir das Thema Verantwortungsübernahme in den Vordergrund: Was tun, wenn das Team keine Verantwortung übernimmt (Kap. 8.3)? Die letzten drei Unterkapitel beschäftigen sich mit Fragen rund um das Thema Entscheidungen in selbstgesteuerten Teams: Sind gemeinsame Entscheidungen immer besser (Kap. 8.4)? Wie sollte in Teams entschieden werden (Kap. 8.5)? Und was tun, wenn das Team keine Entscheidungen trifft (Kap. 8.6)?

8.1 Brauchen wir jemanden, der sagt, wo es langgeht?

Gedanken eines Teamentwicklers: Mein Team gelangt immer wieder an Punkte, an denen es hakt. Wenn zum Beispiel eine schwierige Entscheidung zu treffen ist. Oft hakt es aber auch schon bei Kleinigkeiten: Brauchen wir noch einen separaten Planungstermin? Oder: Wen laden wir zum Review ein? Manchmal frage ich mich, ob es nicht genau für solche Situationen doch eine Führungskraft bräuchte, die die Richtung vorgibt.

»Führung ist zu wichtig, um sie nur Führungskräften zu überlassen.« Das Zitat von Bernd Oestereich und Claudia Schröder (2017, S.VI) bringt etwas Wichtiges auf den Punkt: Führung ist nicht den Führungskräften vorbehalten. Jenseits der Kästchen auf einem Organigramm wird von verschiedenen Menschen innerhalb einer Organisation Führung übernommen, auch innerhalb von Teams formal gleichgestellter Mitglieder.

Wenn also nicht nur Führungskräfte führen, stellt sich die Frage, was mit Führung gemeint ist. Judith Muster und ihre Koautoren (Muster et al. 2020, S. 285 ff.) definieren Führung als *situativ erfolgreiche Einflussnahme in kritischen Momenten.* Kritisch ist eine Situation, wenn es stockt und eine Entscheidung notwendig ist. Eine Gruppe steht vor einer Weggabelung. Links, rechts oder doch wieder zurück? Wer nun versucht, die Gruppe in dieser Situation in eine bestimmte Richtung zu lenken, versucht Führung zu übernehmen. Eine Person erhebt einen Führungsanspruch, indem sie einen Vorschlag macht, Argumente anführt oder ihre Autorität ausspielt. Ob dann Führung stattfindet, entscheidet die Gruppe, indem sie dem Vorschlag folgt oder nicht. Wenn niemand folgt, hat keine Führung stattgefunden. Oder kurz ausgedrückt: *ohne Gefolgschaft keine Führung.*

Innerhalb eines Teams, das ohne direkte Beteiligung einer klassischen Führungskraft arbeitet, entstehen immer wieder kritische Situationen. Irgendwo hakt es, und es geht nicht voran: Was antworten wir dem Abteilungsleiter? Sollen wir uns erst um A oder um B kümmern?

Sprechen wir an, dass wir mit dem neuen Kollegen nicht zufrieden sind? … Um als Team handlungsfähig zu sein, braucht es für die kleinen und großen Fragen irgendwann immer eine Entscheidung. Und Entscheidungen entstehen dadurch, dass jemand sich positioniert und versucht, den Sack zuzumachen (»Dann lasst uns das doch so machen!«) oder den nächsten Schritt einzuleiten (»Wir haben jetzt lange genug diskutiert. Wer ist für A? Wer ist für B?«).

Wer die Richtung vorzugeben versucht, erhebt einen Führungsanspruch, und das birgt für den Einzelnen immer die Gefahr, auf Ablehnung zu stoßen. Wer sich mit seiner Meinung klar positioniert, muss mit Gegenwind rechnen und könnte feststellen, mit seiner Sicht allein dazustehen. Wer versucht, einen Schritt nach vorne zu machen, kann von seinen Kollegen zurückgepfiffen werden.

Die »Schulterklappen« der formalen Führungskraft erleichtern es, Führung zu übernehmen. Erwarten ohnehin alle, dass der Chef das letzte Wort hat, ist das Risiko, auf Ablehnung zu stoßen, für diesen gering. Ihm wird Führung formal zugestanden. Wer Mitglied einer Organisation sein will, erklärt sich in der Regel mit Unterzeichnung seines Arbeitsvertrags dazu bereit, die Weisungen seiner übergeordneten Führungskraft zu akzeptieren. Darüber hinaus besitzen disziplinarische Führungskräfte oft (Macht-)Mittel, um Entscheidungen im Zweifel gegen Widerstand durchzusetzen. Mitarbeiter widersetzen sich mit geringerer Wahrscheinlichkeit dem Führungsanspruch, wenn ihr Chef über ihre nächste Gehaltserhöhung oder die Zuteilung unattraktiver Aufgaben entscheidet.

In einem Team aus formal gleichgestellten Teamkollegen sieht es anders aus. Es gibt täglich Situationen, in denen Führung unter Gleichrangigen übernommen werden muss, allerdings ohne den Schutz einer formalen Führungsrolle. Irgendwann muss jemand sagen: »Ich bin dafür, dass wir das jetzt so machen.« Gerade in neuen Teams besteht die Gefahr, dass kein Teammitglied einen ernsthaften Führungsversuch wagt oder Führung nur äußerst zögerlich wahrgenommen wird. Niemand will sich der Gefahr einer Ablehnung aussetzen.

Teams müssen lernen, dass immer wieder von jemandem Führung übernommen werden muss, um als Ganzes handlungsfähig zu sein. Natürlich können Teamentwickler auch selbst Führungsimpulse setzen, um eine Entscheidung herbeizuführen. (»Der Tenor geht zu Option C, richtig? Können da alle mitgehen? Dann machen wir das.«) Wer aber die Selbststeuerungskompetenz eines Teams erhöhen will, sollte darauf hinwirken, dass dieses auch ohne das eigene Zutun zu Entscheidungen gelangt. Hierfür könnten Teamentwickler das Thema Führung in die gemeinsame Reflexion einbringen: »In selbstgesteuerten Teams braucht es immer wieder Leute, die einen Vorstoß wagen … Wie gut gelingt das bei uns? Ist das bei uns risikofrei möglich?« Psychologische Sicherheit spielt hier eine entscheidende Rolle (Kap. 7.3): Wer befürchtet, für einen Vorschlag oder Richtungsimpuls abgekanzelt zu werden, wird nur selten versuchen, Führung zu übernehmen.

Anstatt als Teamentwickler in einer spezifischen Situation direkt auf eine Entscheidung hinzuwirken (»Dann lasst uns doch linksrum laufen«), könnte man lediglich *auf das Führungsvakuum hinweisen:* »Ich befürchte, wenn hier niemand einen konkreten Vorschlag macht, werden wir morgen noch hier sitzen.« Bestenfalls erkennen Teams im Laufe der Zeit, dass es sowohl in Ordnung als auch erforderlich ist, wenn einzelne Teammitglieder Führung übernehmen.

Häufig sind Führungserwartungen dann an verschiedene Rollen gekoppelt (siehe S. 28). (»Im Zweifel entscheidet bei Datenbankthemen Marcus. Schließlich ist er unser Experte dafür.«). Da niemand auf alle Fragestellungen die beste Antwort hat, gehen bei unterschiedlichen Fragestellungen verschiedene Teammitglieder (je nach Kompetenz) in Führung. In guten Teams wissen die Teammitglieder, wann sie wem folgen.

Manchmal bildet sich eine *starre informelle Hierarchie* aus, weil immer wieder dieselbe Person oder die wenigen immer gleichen Personen die Richtung vorgeben (und alle anderen diese akzeptieren). Hierbei gilt es dann, auf potenzielle negative Auswirkungen der informellen Hierarchie zu achten und gegebenenfalls zu intervenieren (Kap. 7.1).

Fazit

Teams benötigen nicht unbedingt ihnen vorgesetzte Führungskräfte, die sagen, wo es langgeht. Aber: Sie brauchen Führung. Immer wieder werden Teammitglieder Führung übernehmen müssen, damit das Team als Ganzes handlungsfähig ist. Im besten Fall übernehmen je nach Kompetenz und Situation unterschiedliche Teammitglieder die Führung.

8.2 Was tun, wenn mein Team die einfachsten Abstimmungen nicht hinbekommt?

Gedanken eines Teamentwicklers: Das Team antwortet nicht auf E-Mails. Es vergisst, Teammitglieder zu teamübergreifenden Meetings zu entsenden und wenn es doch Vertreter geschickt hat, sind diese oft nicht aussagefähig. Bei meinem Team scheitert es an den einfachsten Dingen. Langsam wird auch das Teamumfeld ungeduldig und mein Wirken als Scrum Master von außen infrage gestellt. Soll ich das Zepter in die Hand nehmen und jetzt dafür sorgen, dass das Team Mails beantwortet etc.? Das kann doch nicht die Lösung sein!?

Teamentwickler dürfen in einer derartigen Lage nicht in die Falle tappen, das Team vorschnell für unfähig zu erklären. Sich als Team zu organisieren muss gelernt werden, und die koordinativen Anforderungen an ein sich selbst steuerndes Team werden oft unterschätzt. Aufgaben, die in klassischen Kontexten bei einer Einzelperson, zum Beispiel einem Teamleiter, verortet sind, liegen nun bei verschiedenen Mitgliedern im Team. Während in klassischen Kontexten klar ist, wer sie übernimmt (die Führungskraft), muss genau das in selbstgesteuerten Teams erst geklärt werden. Das gilt auch für Aufgaben, die auf den ersten Blick nicht besonders herausfordernd klingen. Schauen wir uns zwei Beispiele genauer an.

Anfragen an das Team als Ganzes beantworten

Nehmen wir an, es landen regelmäßig Mails mit Anfragen im gemeinsamen Teampostfach, auf die das Team reagieren muss. Selbst diese vermeintlich einfache Aufgabe wirft eine ganze Reihe von zu klärenden Fragen auf:

- Wie bekommt das Team mit, ob es neue Anfragen gibt? Wer behält das Teampostfach im Blick? Sollen alle immer wieder ins Postfach schauen?
- Wie wird bewertet, welche Anfragen wie eilig sind? Schätzt das einer allein ein?
- Wer beantwortet welche Anfrage? Wie wird das entschieden?

- Wie wird sichergestellt, dass alle im Team von wichtigen Anfragen erfahren? Und wie darauf geantwortet wurde (wenn das wichtig ist)?
- …

Das Team benötigt Antworten auf diese Fragen. Ansonsten besteht die Gefahr, dass niemand das gemeinsame Postfach im Blick behält. Wenn umgekehrt alle Teammitglieder regelmäßig auf die neuen Anfragen ans Team schauen und überlegen, wie dringlich eine Antwort ist, ist das ineffizient. Auch bestünde das Risiko, auf dieselbe Anfrage mehrmals und gegebenenfalls sogar unterschiedlich zu antworten. Das vermeintlich leichte Beantworten von E-Mails an das gemeinsame Teampostfach setzt einiges an Klärung und Koordinationsleistung im Team voraus.

An teamübergreifenden Meetings aussagefähig partizipieren

Wenn sich Teams mit anderen Teams übergreifend abstimmen müssen, steht das einzelne Team vor der Frage: Wer vertritt uns in welchem teamübergreifenden Meeting? Teams müssen dabei sicherstellen, dass ihre Vertreter in den Meetings aussagefähig sind. Gerade in komplexen Unternehmenskontexten ist genau das häufig eine Herausforderung. Oft wird einfach dahergesagt: »Die Leute müssen doch wissen, woran ihr Team arbeitet!?« Aber selbst vermeintlich einfache Aussagen wie »Mit dem Thema starten wir erst nächste Woche« oder »Wenn ihr euren Part bis Mittwoch erledigt, können wir unseren Teil bis Freitag abschließen« setzen einen guten Überblick über die Themen im eigenen Team voraus.[2] Wenn es Zeit (und damit auch Geld) kostet, sich diesen Überblick immer wieder zu verschaffen, steht das Team vor berechtigten Fragen: Müssen wirklich alle Teammitglieder diesen Gesamtüberblick haben, um in den Meetings auskunftsfähig zu sein? Reicht es nicht, wenn sich nur einzelne Kollegen diesen Überblick erarbeiten und regelmäßig an den Abstimmungsrunden teilnehmen? Lassen sich verschiedene Termine sinnvoll zwischen den Teammitgliedern aufteilen? (Sandra übernimmt die Termine mit dem Vertrieb, Jonas die allgemeine Statusrunde …) Oder sollten die verschiedenen Teammitglieder doch besser abwechselnd an den

2 Mehr über den Zusammenhang zwischen Teamgröße, Teamleistung und Teamüberblick (Auskunftsfähigkeit) findet sich in Kapitel 9.5.

Terminen teilnehmen, damit alle regelmäßig von allen Themen erfahren und sich teamübergreifend vernetzen? Vielleicht auch aus Fairnessgründen? (Wer will schon ständig die Abstimmungstermine übernehmen …) Bei welchen Terminen reicht Halbwissen, um konstruktiv teilnehmen zu können? Wann braucht es Detailverständnis? Wo lohnt es sich, mit mehreren Teammitgliedern teilzunehmen? Wo wäre die Zeitinvestition zu groß? …

Es ist nicht davon auszugehen, dass sich neue Teams diese Fragen automatisch stellen. Die vermeintlich einfache Frage, wer an welchem Termin teilnimmt, ist nicht immer ohne Weiteres zu beantworten. Sicherzustellen, dass überhaupt Vertreter des Teams an den teamübergreifenden Meetings partizipieren, ist eine Sache. Dass die Vertreter dann aber auch aussage- oder sogar entscheidungsfähig sind, ist zumindest in komplexen Umfeldern nicht selbstverständlich und keine leichte Teamaufgabe.

Mit Teamregeln koordinativen Herausforderungen begegnen

Die Beispiele zeigen, dass hinter vermeintlich einfachen Aufgaben, wenn sie auf ein Team als Ganzes treffen, koordinative Herausforderungen mit vielen Klärungsbedarfen lauern können. Damit die zu klärenden Fragen nicht jedes Mal neu diskutiert werden müssen, bilden Teams im besten Fall geeignete Teamregeln (Kap. 2.2) aus. So prüft beispielsweise Thomas jeden Morgen das gemeinsame Teampostfach und schätzt ein, was dringlich und was weniger dringlich beantwortet werden muss.

Sich darauf verlassen, dass sich hilfreiche Teamregeln automatisch ausbilden, sollte man sich aber nicht. Selbstkoordination muss gelernt werden. Teamentwickler können dabei unterstützen. Sie können aufzeigen, wann und wo Teamregeln helfen, und dafür sorgen, dass neue Teamregeln erprobt, reflektiert und gegebenenfalls angepasst werden (Kap. 6.2). Sie können auch bei der Auswahl neuer Teamregeln beraten, indem sie auf Spannungsfelder hinweisen. (»Wenn ihr alle den Anspruch habt, den vollen Überblick zu behalten, wird euch das viel Zeit kosten.«) Manchmal hilft es, vermeintlich einfache Aufgaben gemeinsam mit dem Team aufzudröseln. (»Um als Team gemeinsam Anfragen zu beantworten, braucht es erstens jemanden, der Anfragen sichtet. Zweitens eine Bewertung der Dringlichkeit. Drittens, viertens und fünftens …«)

Fazit

Vermeintlich einfache Aufgaben in selbstgesteuerten Teams gehen mit oft unterschätzten Klärungs- und Koordinationsanforderungen einher. Wer selbstgesteuerte Teams einsetzen will, sollte etwas Geduld haben und dem Team notwendige Unterstützung anbieten. Sich als Team zu organisieren, muss gelernt werden und wenn der Ruf nach Führung laut wird, könnte das einfach ein Zeichen dafür sein, dass es noch etwas zu lernen gibt.

8.3 Mein Team übernimmt keine Verantwortung. Was soll ich tun?

Gedanken eines Teamentwicklers: Wir hatten das komplette Wochenende einen Fehler auf unserer Unternehmenswebsite. Wie kann es sein, dass die Teammitglieder am Freitag die Stifte fallen lassen und ins Wochenende gehen, ohne den Fehler vorher zu beseitigen? Auch das Management schaut auf mich: Ich soll das Team in die Verantwortung kriegen! Wie soll ich das nur anstellen!?

Wann immer irgendwo gesagt oder gedacht wird, ein Team übernehme keine Verantwortung, handelt es sich um eine Erklärung und nicht um eine Beobachtung (s. auch S. 71 ff.). Verantwortung an sich lässt sich nicht wahrnehmen. Stattdessen werden bestimmte Verhaltensweisen beobachtet (»Die sind ins Wochenende gegangen, ohne den Fehler zu beheben ...«) und mit fehlender Übernahme von Verantwortung erklärt (»... weil die sich für ihr Produkt nicht verantwortlich fühlen«). Für dasselbe Verhalten könnten sich aber auch ganz andere Erklärungen finden lassen:

- Möglicherweise hat das Team die Konsequenzen des Fehlers ausgiebig bewertet und als unkritisch eingeschätzt. (»Wenn wir den Fehler am Montag beheben, reicht das. Zudem ist Manni dann wieder da, der wird das in fünf Minuten fixen.«)
- Vielleicht ist der Fehler dem Team gar nicht mitgeteilt worden. Es wusste nicht vom Fehler und hat daher nicht reagiert.
- Das Team sieht die Behebung des Fehlers nicht im eigenen Aufgabenbereich.

- Vielleicht hatte das Projekt in den vergangenen Wochen dermaßen an den Kräften der Teammitglieder gezerrt, dass sie um 20 Uhr erschöpft die Stifte fallen ließen. (»Wir können das nicht mehr leisten. Wenn das Unternehmen uns nicht genug Mitarbeiter stellt, können wir nicht alles machen.«)

Verschiedene Erklärungen gehen mit unterschiedlichen Bewertungen einher und richten den Fokus jeweils auf andere Handlungsideen. Wer sich das Verhalten durch fehlende Verantwortungsübernahme erklärt, bewertet das Handeln des Teams negativ. Die abgeleiteten Handlungsoptionen lauten dann: »Die brauchen jemanden, der ihnen einheizt« oder »Wir müssten eigentlich die Leute austauschen, wenn die keine Verantwortung übernehmen.« Andere Erklärungen gehen mit anderen Ideen darüber einher, was getan werden müsste:

- Das Team hat die Situation verantwortungsvoll bewertet und berechtigterweise entschieden, es Montag früh anzugehen → Das Team einfach weiterlaufen lassen.
- Das Problem wurde dem Team nicht mitgeteilt → Wir müssen an den Kommunikationsflüssen zum Team arbeiten.
- Das Team sieht den Fehler nicht im eigenen Aufgabenbereich → Aufgabenbereich des Teams klären.
- Überlastung und Erschöpfung des Teams → Maßnahmen zur Entlastung des Teams.

Bevor man sich also auf die Erklärung fehlender Verantwortungsübernahme versteift, sollte man alternative Gründe in Betracht ziehen und prüfen. Ansonsten besteht die Gefahr, oft deutlich leichter zu beeinflussende andere und möglicherweise wirksamere Stellschrauben zu übersehen. Es sei nochmals daran erinnert, dass die meisten Menschen ihr Leben ganz gut im Griff haben. Viele haben erfolgreich Häuser gebaut und Kinder großgezogen. Ob die Leute also grundsätzlich verantwortungslos sind, bezweifle ich in den meisten Fällen.

Manchmal wird die Erklärung »Das Team übernimmt keine Verantwortung« von außen an den Teamentwickler herangetragen. So benennen beispielsweise Auftraggeber nicht selten schon im Rahmen einer Auftragsklärung fehlendes Verantwortungsbewusstsein des Teams als Kernproblem. In diesem Fall können Teamentwickler wie folgt in drei Schritten vorgehen, um *den Raum für alternative Erklä-*

rungen zu öffnen und damit weitere Handlungsoptionen in den Blick zu bekommen:

1) Im ersten Schritt ist es oft sinnvoll, den Fokus auf ganz konkrete, beobachtbare Verhaltensweisen zu lenken: Hast du mal ein Beispiel für die fehlende Verantwortungsübernahme? Woran machst du das fest? Angenommen, ich würde das Team filmen: Woran würde ich in dem Video erkennen können, dass es keine Verantwortung übernimmt? Angenommen, das Team übernimmt Verantwortung – in welchen Situationen würde sich das wie bemerkbar machen?
2) Im zweiten Schritt gilt es, in Bezug auf die genannten Beispiele nach alternativen Erklärungen zu suchen: Woran könnte es noch liegen, dass das Team den Fehler nicht mehr vor dem Wochenende behoben hat? Wenn ich die Teammitglieder fragen würde, wieso sie das nicht getan haben, was würden die mir sagen? Sollten wir das Team vielleicht tatsächlich erst mal fragen?
3) Stehen dann verschiedene Erklärungen im Raum, lassen sich daraus meist neue Handlungsoptionen ableiten (z. B.: Aufgabenbereich → Klärung; Überlastung → Entlastung ...).

Der ein oder andere Leser mag sich jetzt denken: Und was ist, wenn es wirklich an fehlendem Verantwortungsbewusstsein liegt? Gehen wir noch mal einen Schritt zurück. Verantwortung ist laut Duden (2023) die »Verpflichtung, dafür zu sorgen, dass (innerhalb eines bestimmten Rahmens) alles einen möglichst guten Verlauf nimmt, das jeweils Notwendige und Richtige getan wird und möglichst kein Schaden entsteht«. Fühlt sich ein Team in diesem Sinne nicht verpflichtet, würde man von fehlendem Verantwortungsbewusstsein sprechen. Wenn sich wiederkehrend Fälle zeigen, in denen ein Team nicht für »einen guten Verlauf« sorgt, ist es valide, fehlendes Verantwortungsbewusstsein anzunehmen.

Eine naheliegende Option besteht dann darin, das Team auf die gemachten Beobachtungen anzusprechen, es also nach problematischen Ereignissen zu »konfrontieren«. Dabei hilft es, kritische Einschätzungen an konkreten Beispielen zu erläutern: »Ihr habt jetzt mehrmals keinen Vertreter ins teamübergreifende Planungsmeeting geschickt und niemandem Bescheid gegeben, dass ihr Änderungen an der Datenbank durchführt. Das hat im Nachbarteam zu Problemen geführt.« Anschließend gilt es, die Situation gemeinsam mit dem Team zu besprechen (»Versteht ihr meinen Punkt? Bewertet ihr die Situation ähnlich problematisch wie ich? Wie lässt sich sowas in Zukunft besser handhaben? ...«). Solche Auseinandersetzungen schärfen im besten Fall den Blick des Teams für die Konsequenzen des eigenen Handelns (bzw. Unterlassens). Teamentwickler können das Team selbst konfrontieren oder aber ein Gespräch zwischen Team und den sich über das Team beklagenden Personen initiieren und moderieren. So könnte es passender sein, wenn das erboste Management oder das Nachbarteam, das die Probleme ausbügeln musste, das Team selbst auf die Probleme anspricht.

Häufig weniger naheliegend, oft aber sehr wirksam ist das *Ansetzen an Rahmenbedingungen, die die Wahrscheinlichkeit einer Verantwortungsübernahme erhöhen oder verringern.* Das könnte zum Beispiel bedeuten, ein Team so in die Organisation einzubetten, dass es die Konsequenzen des eigenen Handelns selbst zu spüren bekommt: Muss ein Softwareentwicklungsteam die Kundenbeschwerden wegen eines Softwarefehlers selbst beantworten, wird es motivierter sein, diesen möglichst schnell zu beheben. Manchmal hilft es, *über das Management für eine klare Definition der Teamverantwortung zu sorgen.* (»Ihr seid dafür verantwortlich, dass die Texte auf der Website fehlerfrei sind. Auch wenn ihr nicht alle Texte selbst formuliert, müsst ihr deren Qualität sicherstellen.«)

So sehr sich einige Manager wünschen, dass ihre Teams freiwillig und am besten unbezahlt Überstunden machen, so schlecht sind die Erfolgsaussichten eines plumpen und vorwurfsvollen Vergleichs. (»Früher war das hier selbstverständlich, dass die Mitarbeiter vor wichtigen Deadlines länger geblieben sind und auch am Wochenende gearbeitet haben.«) Unternehmen, die Überstunden und Wochenendarbeit fördern wollen, haben andere Möglichkeiten, finanzielle Anreize zum Beispiel.

Rahmenbedingungen machen bestimmte Verhaltensweisen wahrscheinlicher und andere unwahrscheinlicher. Auch wenn Teamentwickler in der Regel nicht über die geschilderten Rahmenbedingungen entscheiden, können sie das Management dazu beraten oder, etwas energischer ausgedrückt, auf die Gestaltung förderlicher Rahmenbedingungen hinwirken.

Fazit

Bevor einem Team mangelndes Verantwortungsbewusstsein unterstellt wird, sind alternative Erklärungsansätze zu prüfen. Oft lassen sich auf diese Weise relevante und leichter zu beeinflussende Stellschrauben identifizieren. Wenn Teams im Sinne der Definition von Verantwortung wiederkehrend nicht für »einen guten Verlauf sorgen«, ist es ratsam, auf Verantwortung fördernde Rahmenbedingungen hinzuwirken oder das Team mit den Konsequenzen des eigenen (Nicht-)Handelns zu konfrontieren.

8.4 Sind gemeinsame Entscheidungen immer besser?

Gedanken eines Teamentwicklers: Das Team ist schlauer als die Summe seiner Mitglieder. Das Ganze ist mehr als die Summe seiner Teile. Klingt gut, aber stimmt das auch? Mein Team will fast alles zusammen entscheiden, und ich bin mir nicht sicher, ob das so sinnvoll ist. Wird die Entscheidung automatisch besser dadurch, dass alle mitdiskutieren? Oder wird es manchmal einfach nur zäher?

Nur weil mehrere Menschen zusammenkommen, um eine Entscheidung zu treffen, werden die Entscheidungen nicht zwangsläufig besser. Manchmal ist es sinnvoller, wenn Einzelpersonen entscheiden, und manche Entscheidungen sind besser in der Gruppe zu treffen. Die Frage sollte nicht lauten, *ob* Gruppen bessere Entscheidungen treffen, sondern *wann*. Teamentwickler sollten wissen, was für die Entscheidung im Team, also gemeinsam als Gruppe, spricht und was dagegen. Ob ein Team als Ganzes entscheidet, also mit allen Teammitgliedern, oder in einer kleineren Gruppe, also nur mit einem Teil der Teammitglieder, ist im Folgenden erst mal nachrangig. Es geht zunächst darum, grundsätzlich zu verstehen, wann es sinnvoll ist, Entscheidungen mit mehreren Personen gemeinsam zu treffen.

Gruppenentscheidungen sind sinnvoll, …

Gruppenentscheidungen sind in folgenden Fällen sinnvoll:

- Es ist Kreativität gefragt.
- Die relevanten Informationen verteilen sich auf unterschiedliche Köpfe.

- Es muss an vieles gedacht werden.
- Alle Teammitglieder müssen die Entscheidung mittragen.

... wenn Kreativität gefragt ist

Unterschiedliche Menschen haben unterschiedliche Blickwinkel und produzieren deswegen unterschiedliche Ideen. Die verschiedenen Erfahrungen, Kompetenzen und Hintergründe der Teammitglieder bergen das kreative Potenzial der Gruppe. Durch den Austausch in der Gruppe bringen sich die Beteiligten dann auf Gedanken, auf die sie ohne den Austausch nicht kommen würden. Eine Person übernimmt den Einfall eines anderen, entwickelt ihn weiter, gibt ihn wieder in die Gruppe, veranlasst einen Dritten zum Nachdenken und so weiter. In diesem Fall nutzen wir die *übersummative Intelligenz eines Teams.* Ist Kreativität gefragt, sind Gruppen von Vorteil. Häufig ist das der Fall, wenn Entscheidungsoptionen erst noch generiert werden müssen. (»Welche Ideen habt ihr, um mehr Bewerber auf unsere Stellen aufmerksam zu machen?«) Bei bereits vorgegebenen Entscheidungsoptionen (Jobportal A oder B?) ist Kreativität in der Regel nicht gefragt.

... wenn sich die relevanten Informationen auf unterschiedliche Köpfe verteilen

Angenommen, es soll eine neue Software für den Vertriebsinnendienst ausgewählt und eingekauft werden. Um eine gute Wahl zu treffen, werden Antworten auf verschiedenste Fragen benötigt: Welche Produkte gibt es am Markt? Zu welchen Kosten? Welches Budget haben wir? Mit welchen Anbietern haben wir bereits ein gutes Verhältnis? Was muss die Software leisten, damit wir sie gut nutzen können? Gibt es Wünsche des Vertriebsinnendienst? Muss sie technisch in bereits bestehende Software integriert werden? Wenn ja, in welche? In welchem Zeitrahmen und mit welchem Aufwand ist eine Integration möglich? Inwieweit hängt das von der Wahl der Software ab? ...

Besitzt niemand das notwendige Wissen, um all diese Fragen beantworten können, kann diese Entscheidung nicht sinnvoll von einer Einzelperson getroffen werden. Die richtigen Personen müssen an einen Tisch, im Beispiel vermutlich Einkäufer, IT-Experten sowie Personal aus dem Vertriebsinnendienst. Hierbei geht es nicht um das kreative Potenzial einer Gruppe, sondern um die unterschiedlichen Informationen, die auf verschiedene Köpfe verteilt sind. Manche

Entscheidungen können nur dann sinnvoll getroffen werden, wenn verschiedene Informationen wie durch einen gemeinsamen Trichter zusammenfließen.

Alternativ könnte sich jemand, die relevanten Informationen zusammensuchen, indem er nacheinander mit den relevanten Personen spricht. Allerdings mit der Gefahr, sich in einem nervenaufreibenden Pingpongspiel zu verlieren: »Die Einkäuferin sagt mir, sie müsse erst wissen, was technisch möglich sei, um mir Preise rauszusuchen. Da gäbe es je nach Integrationsmöglichkeit ganz unterschiedliche Preisspannen. Also gehe ich auf den IT-Experten zu, der mich zum Vertriebsinnendienst weiterreicht: ›Naja, ich muss schon wissen, was die brauchen. Frag bitte erst einmal dort nach.‹ Dort angekommen, entgegnet man mir: ›Wir fangen jetzt nicht an, unsere Anforderungen zu sammeln. Am Ende heißt es eh wieder, dass alles zu teuer ist.‹«

Wenn die relevanten Fakten auf mehreren Personen verteilt sind, ist es oft effizienter, für eine gemeinsame Entscheidung als Gruppe zusammenzukommen. Verfügen hingegen Einzelpersonen über alle Informationen, die sie benötigen, um eine gute Entscheidung zu treffen, wäre das Hinzuziehen einer Gruppe überflüssig.

… wenn an vieles gedacht werden muss

Manchmal muss einfach an vieles gedacht werden, und dann sind die unterschiedlichen Kompetenzen, Sichtweisen und Hintergründe verschiedener Personen hilfreich. Wenn es darum geht, ein großes Sommerfest zu planen, braucht es nicht nur Kreativität, sondern primär einen weiten und breiten Blick, um an die relevanten Punkte zu denken. Es ist kaum vorstellbar, dass eine Person an alles (Tischdeko, DJ, Toilettenwagen, Zugang für Rollstuhlfahrer, …) denkt. Dass eine Gruppe die wichtigen Punkte schnell zusammentragen kann, ist hingegen wahrscheinlich.

… wenn es wichtig ist, dass alle Teammitglieder die Entscheidung mittragen

Die bisher erläuterten Punkte zielen schlussendlich darauf ab, die Qualität einer Entscheidung durch die unterschiedlichen Hintergründe, Sichtweisen und Kompetenzen der Teammitglieder zu verbessern. Eine gemeinsame Entscheidung im Konsens erhöht auch die Wahrscheinlichkeit, dass sie von allen mitgetragen wird. Selbst wenn Einzelne nicht voll hinter einer Gruppenentscheidung stehen, ist es schwer für sie, diese im Nachhinein noch anzufechten. Oft verhindern dies implizite Teamregeln. (»Wer ein Problem mit einer Entscheidung hat, muss sein Veto rechtzeitig einlegen. Wer kein Veto ausgesprochen hat, muss die getroffene Entscheidung mittragen.«) Diese Norm bildet sich in vielen Teams aus, weil Teammitglieder mit der Zeit erkennen, dass eine gewisse Kompromissbereitschaft für die gemeinsame Zusammenarbeit erforderlich ist und man manchmal Entscheidungen mittragen muss, die man selbst anders getroffen hätte.

Gerade bei sehr bedeutenden Entscheidungen, die alle Teammitglieder in hohem Maß betreffen, lohnt es sich, gemeinsam in der Gruppe zu entscheiden, um die Wahrscheinlichkeit zu erhöhen, dass die getroffene Entscheidung von allen mitgetragen wird. Das ist aber nicht immer wichtig: Ob wir für den Workshop weiße Flipcharts oder braune Metaplanwände verwenden, wird niemanden daran hindern, am Workshop teilzunehmen.

Ob eine Entscheidung von allen Teammitgliedern zusammen, von einzelnen Teammitgliedern in einer Kleingruppe oder von einer Einzelperson getroffen werden sollte, hängt von verschiedenen Aspekten ab. Als Teamentwickler hinterfrage ich die Art und Weise, wie ein Team Entscheidungen trifft. Manche Teams haben sich angewöhnt, zu viele (auch sehr kleine) Entscheidungen gemeinsam zu treffen und verschwenden damit Zeit und Energie. Andere Teams fallen immer wieder auf die Nase, weil sie oft im Nachhinein feststellen, dass wichtige Informationen nicht in die Entscheidung eingeflossen sind.

Werden Ideen ausgesprochen und Informationen geteilt?

Selbst wenn eine Situation an sich gut für eine gemeinsame Entscheidung im Team geeignet ist, kommen die potenziellen Vorteile einer Gruppe noch lange nicht automatisch zum Tragen. Behalten Teammitglieder innovative Ideen aus Angst vor Kritik für sich, wird das kreative Potenzial der Gruppe nicht ausgeschöpft. Informationen, die nicht auf den Tisch gelegt werden, können keine Berücksichtigung in der Entscheidung finden. Verschiedene gut erforschte *Gruppeneffekte* können dazu führen, dass die Teammitglieder ihre Gedanken nicht aussprechen. Um drei *typische Phänomene* zu nennen:

- *»Shared information bias«:* Gruppen sprechen vor allem über die Aspekte, die alle ohnehin kennen. Selbst wenn Teammitglieder für andere unbekannte Informationen besitzen, werden diese

selten eingebracht (Stasser, Taylor a. Hanna 1989). Legt dann doch jemand neue Informationen auf den Tisch, werden sie oft gar nicht aufgegriffen und weiter thematisiert. Es scheint für Teams angenehmer zu sein, über Dinge zu sprechen, bei denen sich alle einbringen können.
- *Konformitätsdruck:* Für viele Menschen ist es schwer, ihre eigene Überzeugung zu äußern, weil sie befürchten, mit ihrer Sicht allein dazustehen. Sie wollen mit den Gruppenstandards übereinstimmen und verhindern, als Querulant oder Einzelkämpfer ins Abseits zu geraten. Häufig behalten sie ihre Meinung daher für sich.
- *Verantwortungsdiffusion:* Die Verteilung der Verantwortung auf viele Schultern kann dazu führen, dass Teammitglieder ihre Bedenken für sich behalten. (»Ich halte die Entscheidung zwar für riskant. Aber im Falle eines Fehlschlags bin ich ja nicht allein verantwortlich.«) Möglicherweise treffen Teams dann riskantere Entscheidungen, als es die Teammitglieder einzeln getan hätten.

Wer diese Phänomene kennt, kann ihnen als Teamentwickler oft mit einfachen Mittel entgegenwirken. Manchmal reicht es schon, die Teammitglieder ganz gezielt nach Informationen und Argumenten zu fragen, die bislang noch nicht diskutiert wurden. (»Überlegt noch mal: Welche potenziell relevanten Aspekte, über die wir jetzt noch nicht richtig gesprochen haben, fallen euch noch ein?«) Wenn dann ein neuer Punkt auf den Tisch kommt, hilft es, diesen eine Zeitlang bewusst im Raum halten. (»Lasst uns noch bei diesem Punkt bleiben ...«)

Mit der richtigen Fragetechnik kann man es den Teammitgliedern erleichtern, *dem Konformitätsdruck zu entgehen:* »Was vermutet ihr, was könnte einem Außenstehenden zum Thema einfallen?« Wer nun kritische Bedenken oder unkonventionelle Ideen auf den Tisch legt, muss sich nicht darum sorgen, auf seine Antwort festgenagelt zu werden. Falls die Gruppe tatsächlich mit der befürchteten Empörung oder Irritation reagiert, kann man sich leicht von der getätigten Aussage distanzieren: »Naja, das ist ja nicht mein persönlicher Standpunkt, sondern das, was ein Außenstehender denken könnte.« Diese Fragetechnik eröffnet den Teammitgliedern einen potenziellen Ausweg, was die Wahrscheinlichkeit erhöht, einen vermeintlich unpopulären Gedanken zu äußern.

Und wer verhindern will, dass eine Gruppe unbedacht eine riskante Entscheidung trifft, kann die *Rolle des Advocatus Diaboli* (des Teufels Anwalt) zuweisen. Ein Teammitglied soll dann eine Zeitlang ganz bewusst den *Bedenkenträger* spielen: »Deine Aufgabe ist es jetzt, alles, was besprochen wird, durch eine möglichst pessimistische Brille zu betrachten. Suche mit aller Kraft nach Risiken und Gefahren.« Das Teammitglied wird sich sehr verantwortlich dafür fühlen, riskante Entscheidungen zu verhindern. Darüber hinaus entsteht hier ebenfalls die Möglichkeit, sich bei Gegenwehr von der eigenen Aussage zu distanzieren: »Ich sollte doch jetzt möglichst kritisch sein. Das heißt nicht, dass ich das wirklich so drastisch sehe.«

Fazit

Nicht alles sollte von allen Teammitgliedern gemeinsam entschieden werden. Entscheidungen in Gruppen sind sinnvoll, wenn Kreativität gefragt ist, die relevanten Informationen auf unterschiedliche Köpfe verteilt sind, an vieles gedacht werden muss und/oder es wichtig ist, dass alle die Entscheidung mittragen. Selbst wenn eine zu treffende Entscheidung grundsätzlich gut dafür geeignet ist, sie in der Gruppe/im Team zu treffen, bedeutet das noch nicht, dass die potenziellen Vorteile einer Teamentscheidung auch zum Tragen kommen. Legen die Teammitglieder ihre Ideen nicht auf den Tisch, bleibt das Potenzial des Teams ungenutzt. Teamentwickler können durch ihr (methodisches) Handeln dazu beitragen, dass Teammitglieder ihre Gedanken aussprechen.

8.5 Wie sollte in Teams entschieden werden?

Gedanken eines Teamentwicklers: Puh, wir könnten auf so viele unterschiedliche Arten entscheiden … Im ganzen Team? In Pärchen? Durch einzelne Teammitglieder? Im Konsens? Per Abstimmung? Einfache oder absolute Mehrheit? Oder gar per Zufall? Umfangreiche Entscheidungsworkshops? Oder Hauptsache schnell? Ein Brainstorming, um erst mal Optionen zu sammeln? Ein Teammitglied bereitet einen Vorschlag vor und wenn es keinen schwerwiegenden Einwand gibt, gilt dieser als akzeptiert? Jeder bewertet jede Option auf einer Skala von 1 bis 10? Die Option mit den meisten Punkten gewinnt? …

Es gäbe unzählige Möglichkeiten, Entscheidungen im Team zu treffen. Das passende Vorgehen richtet sich immer nach der spezifischen Situation und der zu klärenden Frage. Die Antwort auf die Frage, wie in Teams entschieden werden sollte, lautet also wie so oft: Es kommt darauf an. Die Frage ist: worauf?

Entscheidungsprozesskriterien

Um zu entscheiden, wie entschieden wird (Konsens, Abstimmung, …), hilft es, die Entscheidungssituation anhand der folgenden fünf Entscheidungsprozesskriterien zu beleuchten (Eggebrecht 2021, S. 154 ff.):

- Tragweite
- Geschwindigkeit
- Input
- Anpassbarkeit
- Commitment.

Tragweite

Steht die Existenz des Unternehmens auf dem Spiel, oder geht es um ästhetische Veränderungen im Teamraum? Es macht einen gewaltigen Unterschied, wie viel von der Entscheidung abhängt. Als Teamentwickler habe ich im Blick, ob der Aufwand eines Entscheidungsprozesses in einem angemessenen Verhältnis zur Tragweite der Entscheidung steht. Debattiert ein komplettes Team zwei Stunden darüber, ob es in den günstigen Drucker für 200 Euro oder in das teurere Modell für 300 Euro investiert, sind die Personalkosten der Diskussion schnell teurer als der Drucker selbst. Kleine Entscheidungen sollten nicht in großer Runde erarbeitet werden, wenn ein einzelnes Teammitglied genauso gut und in einem Drittel der Zeit entscheiden könnte. Anstatt langwierig einen Konsens zu suchen, könnte eine schnelle Abstimmung die Diskussion beenden.

Auf der anderen Seite lassen sich in Organisationen immer wieder Entscheidungen beobachten, die trotz enormer Tragweite quasi zwischen Tür und Angel getroffen werden. Strategische Fragen wie »Wollen wir im kommenden Jahr unsere Produkte auf den chinesischen Markt bringen?« oder »Sollen wir mal versuchen, mit Solarenergie betriebene Lautsprecher zu produzieren?« sollten nicht nebenbei entschieden werden. Manchmal braucht es einen mehrtägigen Workshop mit hinzugezogenen Experten, und manchmal reicht die Bauchentscheidung eines einzelnen Teammitglieds. Anhand der Tragweite lässt sich einschätzen, wann wie viel Aufwand für das Treffen der Entscheidung angemessen ist.

Geschwindigkeit

Wenn die aktuelle Softwarelizenz ausläuft und man im beruflichen Alltag auf sie angewiesen ist, muss schnell entschieden werden, ob man sie verlängert oder einen alternativen Anbieter wählt. Wenn es brennt, ist eine schnelle Entscheidung notwendig, und manchmal zieht jeder Tag einer Nichtentscheidung hohe Kosten nach sich. (»Solange wir uns nicht einigen, wie wir den Fehler beheben, ist unser Webshop offline, und wir können nichts verkaufen.«) Es lohnt sich, im Blick zu behalten, wie eilig eine Entscheidung ist und ob die gewählten Entscheidungsprozesse der notwendigen Geschwindigkeit gerecht werden.

Dabei sind Geschwindigkeit und Aufwand nicht gleichzusetzen. Ein Ganztagesworkshop mit dem ganzen Team kann trotz hohen Aufwands innerhalb eines Tages zu einer Entscheidung führen. Andere Entscheidungsprozesse laufen monatelang, weil immer nur einzelne Teammitglieder ein Thema andiskutieren und dann wieder durch andere Themen unterbrochen werden. Der Entscheidungsprozess zieht sich hier trotz geringen Aufwands sehr in die Länge.

Input

Vor einer Entscheidung sollte man sich fragen, welche Informationen als Input in den Entscheidungsprozess gelangen sollten: Wessen Sicht darf auf keinen Fall fehlen? Wer hat relevantes Wissen? Sollten wir jemanden von außen hinzuziehen? Sollten wir durch ein gemeinsames Brainstorming nach kreativen Ideen suchen? Werden kreative Ideen hier überhaupt benötigt? Sollten wir herausfinden, ob es an anderer Stelle im Unternehmen schon Erkenntnisse zu diesem Thema gibt? Die Qualität der Entscheidung hängt von den Informationen ab, die in den Entscheidungsprozess einfließen.

Es ist auch hilfreich zu fragen, welche Information ganz bewusst *nicht* als Input in den Entscheidungsprozess gelangen müssen. Wenn ein Teammitglied alle Informationen für eine gute Entscheidung im Kopf hat, sollte sie die Entscheidung womöglich allein treffen. Wie in Kapitel 8.4 erläutert, werden Entscheidungen nicht automatisch dadurch besser, dass das ganze Team gemeinsam entscheidet.

Wenn klar ist, dass die Konsequenzen einer Entscheidung auch durch umfangreiche Recherche, das Heranziehen verschiedenen Experten und ausgiebige Diskussionen nicht ansatzweise abzusehen wären, spricht das ebenfalls gegen weiteren Input. Manchmal ist es besser, einfach einen Versuchsballon zu starten, selbst wenn die Tragweite groß ist. Es gilt also zu hinterfragen, ob mehr Informationen wirklich zu einer besseren Entscheidung führen werden. Ist das nicht der Fall, braucht es keinen weiteren Input.

Anpassbarkeit

Angenommen, du stehst vor eine Weggabelung. Links oder rechts? Innerhalb der Stadt musst du nicht lange überlegen. Biegst du falsch ab, könntest du das leicht revidieren. Durch die vielen Querstraßen findest du immer einen Weg. Im schlimmsten Fall steigst du in einen der Busse oder nimmst ein Taxi, um noch rechtzeitig an dein Ziel zu gelangen. Und wer weiß, was du bei deinem Umweg Schönes entdeckst?

Für den Bergsteiger stellt sich die Situation anders dar. Wer drei Kilometer und einige Liter Schweiß nach der Weggabelung feststellt, dass er falsch abgebogen ist, hat ein Problem. Schließlich geht die Sonne gleich unter, und es gilt die Unterkunft noch zu erreichen. Man sollte also auch fragen, wie anpassbar eine Entscheidung im Nachhinein noch ist. Ein Layout für die Stellenanzeige lässt sich leicht wieder anpassen, wenn der Bewerberzufluss unter den Erwartungen bleibt. Wenn das neue Bürogebäude erst mal steht, ist die Raumteilung (Kleinbüros, Großraum ...) nicht mehr ohne Weiteres zu verändern. Es ist wichtig, zwischen Stadt und Berg zu unterscheiden.

Ist eine getroffene Entscheidung in Zukunft noch leicht anzupassen, können Teamentwickler zu einem Experiment motivieren: »Lasst es uns ausprobieren, anstatt hier lange zu diskutieren.« Bei Entscheidungen, die dann erst einmal in Stein gemeißelt wären, sollte man sich ausreichend Zeit nehmen, um die verschiedenen Optionen gut abzuwägen: »Wenn ihr jetzt mit der Programmiersprache X loslegt, könnt ihr in einem Monat wahrscheinlich nicht so einfach wechseln, richtig? Dann lasst uns doch noch mal Chancen und Risiken der Alternativen sammeln und erörtern.«

Commitment

Wenn ich von Commitment (deutsch: Verpflichtung/Engagement) spreche, meine ich damit, dass sich die Teammitglieder den vom Team getroffenen Entscheidungen verpflichtet fühlen und sie mittragen. Die neue Sitzordnung im Büro oder die Aufgabenverteilung unter den Teammitgliedern betrifft alle. Wer hier in den Entscheidungsprozess nicht eingebunden wird, stellt sich möglicherweise im Nachhinein quer oder zieht sich zurück. (»Ich hätte das ja so nie mitgetragen!«)

Bei vielen anderen Entscheidungen im Team bedarf es hingegen keiner bewussten Einbindung der Teammitglieder, nur um ein hohes Commitment sicherzustellen. Im agilen Umfeld tendieren einige Teams dazu, alles Mögliche gemeinsam zu entscheiden. Agilität bedeutet aber keinesfalls Basisdemokratie. Wird der Konsens im gesamten Team zur unhinterfragten und situationsunabhängigen Teamregel, sollten die Alarmglocken des Teamentwicklers klingeln. Die Anzahl der Teammitglieder, die an einer Entscheidung beteiligt sind, sollte von den erläuterten Entscheidungsprozesskriterien (Tragweite, Geschwindigkeit...) abhängen. Wenn davon auszugehen ist, dass eine Entscheidung durch weitere Teammitglieder nicht besser wird (wenig Input notwendig) und kein Risiko besteht, dass »Widerstände« der Teammitglieder die Umsetzung verhindern (geringe Bedeutung des Commitments), wird mit einem aufwendigen Konsensverfahren aller Teammitglieder wertvolle Zeit verschwendet.

Um es noch mal deutlich zu machen: Eine einfache Antwort im Sinne von »Teams sollten immer im Konsens entscheiden« ist nicht sinnvoll. Vor der Wahl des Entscheidungsverfahrens (Abstimmung, Konsens, Einzelentscheid ...) steht die Reflexion der hier geschilderten Aspekte, der Entscheidungsprozesskriterien. Teamentwickler sollten auf Unstimmigkeiten hinweisen (»Ist die Entscheidung nicht zu wichtig, um sie jetzt zwischen Tür und Angel zu treffen?«) und gegebenenfalls alternative Vorgehensweisen vorschlagen.

Wie entscheiden Teams darüber, wie entschieden wird?

Soll die letztendliche Auswahl des Entscheidungsverfahrens von den Entscheidungsprozesskriterien abhängen, stellt sich die Frage, wie ein Team darüber entscheidet, wann es wie entscheidet. Sollte ein Team vor jeder Entscheidung also erst darüber verhandeln, wie entschieden wird? (»Aus meiner Sicht ist die Tragweite so hoch, dass wir das gemeinsam im Konsens entscheiden sollten« vs. »Ich sehe das anders: Im Zweifel könnten wir die Entscheidung in der Zukunft leicht anpassen, sodass wir uns jetzt eine lange Diskussion sparen können. Wir sollten abstimmen!«) So viel vorab: Diskutiert ein Team vor jeder Entscheidung immer erst, wie es entscheiden will, wird es enorm zäh.

Um dies an einem Beispiel zu erläutern, stellen wir uns vor, ein Team veranstaltet einen Workshop, um auf die gemeinsame Zusammenarbeit zu schauen. Es gibt viele zu besprechende Themen. Nachdem alle Teammitglieder im ersten Schritt ihre Themenwünsche auf Kärtchen geschrieben haben, stehen nun sechzehn potenziell zu besprechende Themen im Raum. Die verbleibenden drei Stunden reichen auf keinen Fall, um alle Themen durchzuarbeiten. Daher wird eine Entscheidung für das weitere Vorgehen benötigt, und dafür bestehen diverse Möglichkeiten. Diskutieren wir jetzt erst mal darüber, worüber wir reden wollen? Entscheiden wir das im Konsens? Oder stimmen wir ab? Wenn ja, wie viel Stimmen darf jeder verteilen? Was tun, wenn mehrere Themen gleich viele Stimmen erhalten? Legen wir vorab fest, dass wir die drei Themen mit den meisten Stimmen besprechen? Oder lieber fünf und dafür weniger Zeit pro Thema? Oder hängt das von der Wahl der Themen ab? Legen wir die Zeit für ein Thema fest, bevor wir in ein Thema einsteigen, oder fangen wir erst einmal an und schauen, wie schnell es vorangeht?

Es wird deutlich: Die Anzahl an Möglichkeiten ist groß. Werden all diese kleinen Entscheidungen über den Entscheidungsprozess im Team diskutiert, um einen Konsens zu finden, kostet das viel zu viel Zeit. Bevor es inhaltlich losgeht, wäre die Hälfte der Zeit möglicherweise schon verstrichen.

Es braucht also Führung (Kap. 8.1). In Workshops wird üblicherweise dem Moderator zugestanden, Entscheidungen über solche Entscheidungsprozesse zu treffen. Hat ein Team nun aber keinen Moderator, dem hier qua Rolle die Führung im Workshop überlassen wird, muss jemand anderes einen Führungsanspruch erheben. Zum Beispiel so: »Kommt, lasst uns abstimmen. Jeder verteilt drei Stimmen, und wir bearbeiten die Themen dann in der Reihenfolge der meistgevoteten Themen.« Wenn nun niemand entgegnet und die Teammitglieder beginnen, ihre Stimmen abzugeben, geht es weiter. Natürlich besteht für den einzelnen die Gefahr, mit seinem Vorschlag nicht durchzukommen. (»Nee, wir müssen heute auf jeden Fall auch über XY sprechen. Das ist dringend. Damit sollten wir anfangen.«) Wenn aber niemand versucht, eine Richtung vorzugeben, wird es nicht vorangehen. Teams wären wie gelähmt, wollten sie jede kleine Entscheidung über den Entscheidungsprozess erst gemeinsam diskutieren.

Wenn jemand einen Vorstoß wagt, das Team mitgeht und sich ein Vorgehen dann als erfolgreich herausstellt, ist die Wahrscheinlichkeit groß, dass sich eine Teamspielregel (Kap. 2.2) entwickelt: Beim nächsten Workshop steht das Team vor der gleichen Situation. Es gibt deutlich mehr zu besprechende Themen als realistisch bearbeitet werden können. Diesmal ruft direkt jemand rein: »Lasst uns das doch wie beim letzten Mal machen.« Das Team nickt. Die Entscheidung über das Vorgehen ist schnell getroffen. In den darauffolgenden Workshop ist bereits für alle klar, wie mit der Situation umgegangen wird. Es ist eine Regel entstanden, die dem Team die Diskussionen über das Vorgehen erspart.

Fazit

Es gibt viele Möglichkeiten, wie Teams zu Entscheidungen gelangen. Die Wahl des Entscheidungsprozesses (Konsens, Abstimmung, Einzelentscheid ...) sollte von verschiedenen Kriterien (Tragweite, Geschwindigkeit, Input, Anpassbarkeit, Commitment) abhängig gemacht werden. Das Problem, dass auch entschieden werden muss, wie entschieden wird, lässt sich dadurch lösen, dass jemand Führung übernimmt (»Lasst uns doch abstimmen.«) und sich für wiederkehrende Situationen mit der Zeit Entscheidungsroutinen ausbilden.

8.6 Was tun, wenn mein Team keine Entscheidungen trifft?

Gedanken eines Teamentwicklers: A oder B lautet die Frage. Aber eine klare Meinung hat niemand. Das Team sieht bei beiden Optionen Vor- und Nachteile. Die Diskussion ist zäh, und immer wieder kommen Zweifel auf: »Haben wir die Alternativen denn schon gut geprüft? Sind alle Möglichkeiten auf dem Tisch? Gibt es vielleicht noch eine Alternative C? Sollten wir noch einmal recherchieren?« Langsam wird es anstrengend. Aber das Team scheint noch weit davon entfernt, sich hier festzulegen. Wir haben eigentlich kein Problem damit, dass mal jemand die Zügel in die Hand nimmt, aber bei einigen Entscheidungen kommen wir nicht aus dem Quark ...

Selbstverantwortlich handeln, mutig entscheiden. So die oftmals postulierte Idee selbstgesteuerter Teams. Aber die Realität sieht nicht immer so aus. Viele Teams tun sich schwer damit, Entscheidungen zu treffen.

Aushalten von Unsicherheit

Ein Grund kann ein falsches Verständnis darüber sein, was Entscheiden bedeutet. Eine Entscheidung ist die Wahl einer von mehreren Handlungsoptionen, ohne dass sicher ist, welche Alternative die Beste ist. Oder um es in den Worten Heinz von Foersters (1993, S. 153) auszudrücken: »Nur die Fragen, die prinzipiell unentscheidbar sind, können wir entscheiden.« Eine Entscheidung geht also per Definition immer mit einem gewissen Maß an Unsicherheit einher. Wäre objektiv klar, welche Option die beste ist, würden wir nicht von einer Entscheidung sprechen.

Das zu verstehen ist wichtig. Wer glaubt, nur lange genug suchen zu müssen, um die eindeutig »richtige« Option im Vorfeld zu identifizieren, riskiert, nie eine Entscheidung zu treffen. *Entscheiden bedeutet trotz (Rest-) Unsicherheit eine Wahl zu treffen.* Teams müssen in der Lage sein, trotz Unsicherheit zu entscheiden. Ansonsten sind sie handlungsunfähig. Nicht zu entscheiden, ist häufig die schlechteste Option. Man stelle sich einen Esel vor, der zwischen zwei Heuhaufen verhungert, weil er sich weder für den einen noch für den anderen entscheiden kann.

Manchmal hilft es, ganz bewusst auch die Nichtentscheidung als wählbare Option darzustellen. Es gibt neben Option A und Option B noch die dritte Option, nämlich die Option, nicht zu entscheiden (= C) und damit den Status quo beizubehalten. Oft wird dem Team dann klar, dass Option C nicht infrage kommt. Die Bereitschaft, trotz Unsicherheit A oder B zu wählen, steigt dann. Womöglich sprechen auch gute Gründe für Option C, also für die Beibehaltung des Status quo. Dann ist es aber eine bewusste Entscheidung für die Nichtentscheidung, und das Ringen hat (vorerst) ein Ende.

Entscheidungsbefugnisse

»Dürfen *wir* das überhaupt entscheiden? Sollten wir das nicht absegnen lassen? Oder zumindest noch mal nachhaken?« Manchmal trifft ein Team keine Entscheidung, weil es nicht weiß, ob es die Entscheidungsbefugnis besitzt.

Gerade nach größeren Umstrukturierungen ist häufig noch unklar, wer was entscheidet. Ein Team, das neuerdings agil und selbstgesteuert arbeiten soll, aber gestern noch für alles Mögliche den Vorgesetzten fragen musste, ist verunsichert. Und auch für den Vorgesetzten ist die Situation neu: *Was entscheiden die jetzt selbst? Wo soll, muss, oder will ich noch einmal draufschauen?* Aus dieser Unsicherheit heraus empfangen Teams nach agilen Transformationen widersprüchliche Signale: »Ihr entscheidet selbst, aber nur unter Vorbehalt« oder »Lasst mich noch einmal kurz drüberschauen.«

Es liegt dann nahe, die Entscheidungsbefugnisse zu klären. Hat das Team ein Vetorecht bei der Frage, welcher Bewerber eingestellt wird? Bis zu welchem Budget darf es Hardware bestellen? Ist die Arbeitsverteilung Teamsache, oder darf der Chef hier mitreden? Als Teamentwickler lohnt es sich manchmal, Klarheit darüber herbeizuführen, was ein Team selbst entscheiden darf und was nicht. Dabei ist es nicht notwendig, eine generelle Übersicht über alle Entscheidungsbefugnisse des Teams zu erarbeiten. Jeden Tag kommen unzählige Entscheidungen in Organisationen zustande, ohne dass je explizit geklärt wurde, wer was entscheiden darf. Einfach weil irgendjemand sie trifft und das für niemanden ein Problem darstellt. Das ist auch gut so. Solange wichtige Entscheidungen sinnvoll getroffen und von allen relevanten Personen mitgetragen werden, müssen die Entscheidungsbefugnisse nicht noch irgendwo explizit aufgeschrieben werden.

Teamentwickler sollten sich auf Entscheidungen konzentrieren, bei denen Unklarheit ein Problem ist: Wo kommen sich Team und Chef immer wieder in die Quere? Wann ist das Team wie gelähmt, weil es nicht weiß, ob es entscheiden soll oder nicht? Wo trifft niemand eine Entscheidung, weil Team und Chef die Aufgabe zu entscheiden jeweils beim anderen sehen? Wo will niemand entscheiden, um die Verantwortung für eine vermeintliche Fehlentscheidung nicht tragen zu müssen? Genau hier ist die Zeit der Klärung gut investiert.

Fazit

Tut sich ein Team schwer, Entscheidungen zu treffen, sucht es möglicherweise nach perfekten Lösungen. Da eine Entscheidung aber schon qua Definition immer mit einem gewissen Maß an Unsicherheit einhergeht, wird das Team nie hundertprozentige Sicherheit erlangen. Teams müssen lernen, Unsicherheit auszuhalten, um handlungsfähig zu bleiben. Manchmal treffen Teams keine Entscheidungen, weil sie unsicher sind, ob sie überhaupt befugt sind zu entscheiden. Hier kann es helfen, Klarheit herbeizuführen: Was darf/soll das Team selbst entscheiden? Was nicht?

9 Auf Umfeld und Rahmenbedingungen des Teams einwirken

Die zentrale These dieses Kapitels gleich zu Beginn: *Das Umfeld und die Rahmenbedingungen des Teams haben einen enormen Einfluss auf die Leistungsfähigkeit eines Teams.* Teamentwickler, die nur innerhalb des Teams nach Optimierungsmöglichkeiten suchen, verkennen die hohe Bedeutung relevanter Rahmenbedingungen, die auf ein Team einwirken. Wir betrachten in diesem Kapitel zunächst das Zusammenspiel mit angrenzenden Teams und Abteilungen (Kap. 9.1) sowie den Vertretern des Managements (Kap. 9.2). Anschließend beschäftigen wir uns mit unklaren Aufträgen und Gestaltungsspielräumen, die zu Orientierungslosigkeit im Team führen (Kap. 9.3). Kapitel 9.4 behandelt die Frage, welche Konsequenzen Zeitdruck auf Teams haben kann. Auch die Teamgröße ist eine relevante Rahmenbedingung, die sich stark auf die Arbeit der Teammitglieder auswirkt und daher vom Teamentwickler reflektiert werden sollte (Kap. 9.5). Natürlich gibt es eine Vielzahl weiterer Rahmenbedingungen wie beispielsweise Anreizsysteme, Aufgabentypen oder Kommunikationsmedien, die die Arbeit im Team maßgeblich beeinflussen. Auf alle Rahmenbedingungen einzugehen, würde allerdings den Umfang dieses Buches sprengen.

9.1 Was tun, wenn die Zusammenarbeit mit umliegenden Teams oder Abteilungen hakt?

Gedanken eines Teamentwicklers: Die Probleme, die wir haben, liegen aus meiner Sicht gar nicht im Team selbst begründet. Würden die anderen Teams ihre Lieferzusagen an uns einhalten, würden wir unsere Ziele auch erreichen. Nicht nur das: Wie sollen wir den Kunden besser verstehen, wenn der Vertrieb beansprucht, alleiniger Ansprechpartner für diesen zu sein? Soll ich mich als Teamentwickler nur auf mein Team konzentrieren, oder müsste ich nicht eigentlich auch auf die angrenzten Teams und Abteilungen einwirken?

Teams schweben nicht frei durch die Sphären der Organisation. Sie sind umgeben von Nachbarabteilungen, von deren Zulieferungen abhängig und zudem durch einen mehr oder weniger klaren Verantwortungsbereich von anderen Teams abgegrenzt. Der Beitrag, den ein Team für die Organisation leisten kann, hängt maßgeblich davon ab, wie das Zusammenspiel mit angrenzenden Organisationseinheiten gelingt. Daher sollten sich Teamentwickler keinesfalls nur auf die Zusammenarbeit innerhalb des Teams konzentrieren.

Hakt die Zusammenarbeit des Teams mit anderen Organisationseinheiten, haben Teamentwickler verschiedene Möglichkeiten. Sie können ihr Team dabei unterstützen, Interessen zu formulieren und durchzusetzen, oder selbst als Interessenvertreter für ihr Team auftreten. Alternativ können sie eine vermittelnde Rolle zwischen ihrem Team und einer anderen Organisationseinheit einnehmen. Häufig lohnt es sich, Gespräche an den Schnittstellen des Teams zu initiieren und für eine Klärung zu sorgen.

Teamentwickler sollten sich aber davor hüten, die Herausforderungen an den Schnittstellen des Teams sofort auf schlechte Kommunikation zurückzuführen. Möglicherweise sind Schwierigkeiten durch strukturelle Faktoren mehr oder weniger vorprogrammiert:

- Das Team, das immer wieder Deadlines nicht einhalten kann, weil es noch auf wichtige Zulieferungen eines anderen Teams wartet, ist frustriert. Anstatt dem zuliefernden Team Dampf zu machen (»Jetzt gebt mal Gas!«), ließe sich auch versuchen, die Abhängigkeiten durch strukturelle Maßnahmen wie die Verschiebung von Verantwortungsbereichen dauerhaft aufzulösen oder zumindest zu verringern.
- Da das Vertriebsteam dauerhaft mehr Produkte verkauft, als das Produktionsteam herstellen kann, entstehen Spannungen. (»Wieso kommt ihr nicht hinterher? Wir können die Kunden nicht so lange warten lassen!«) Wenn sich das Vertriebsteam nun kontinuierlich weiterentwickelt und die Anzahl der Verkäufe weiter erhöht, wird der Stau in der Produktion noch länger, und die Wartezeiten für die Kunden steigen. Solange die Produktion der Flaschenhals ist, gelangt nicht mehr Ware zum Kunden, egal wie viele Abschlüsse das Vertriebsteam macht. Die Weiterentwicklung des Vertriebsteams (mehr Verkäufe) wäre in diesem Fall eine lokale Optimierung, die sich nicht positiv auf das Gesamtergebnis der Organisation auswirkt. Auch hier lässt sich das Problem strukturell (durch einen organisatorischen Engpass) erklären.
- Das Softwareentwicklungsteam einer Buchhaltungssoftware ist ernüchtert. Auf der einen Seite soll es »agil« arbeiten und mit

den Menschen, die das Produkt nutzen, möglichst eng zusammenarbeiten (Abb. 6). Auf der anderen Seite sieht die Aufbaustruktur der Organisation gar keinen direkten Kontakt zwischen Nutzern und Entwicklerteam vor. Wie Abbildung 7 zeigt, sind

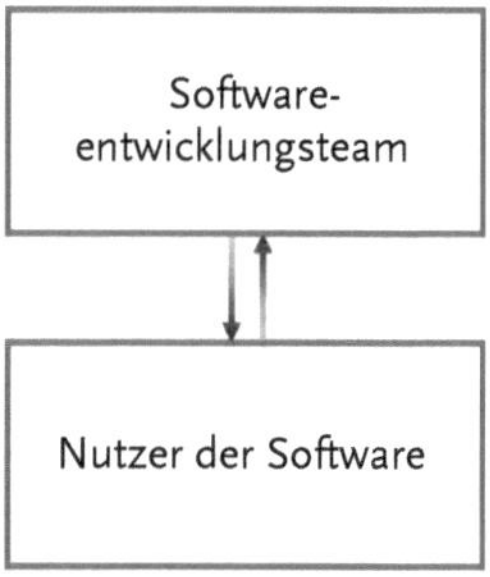

Abb. 6: Idee agiler Produktentwicklung

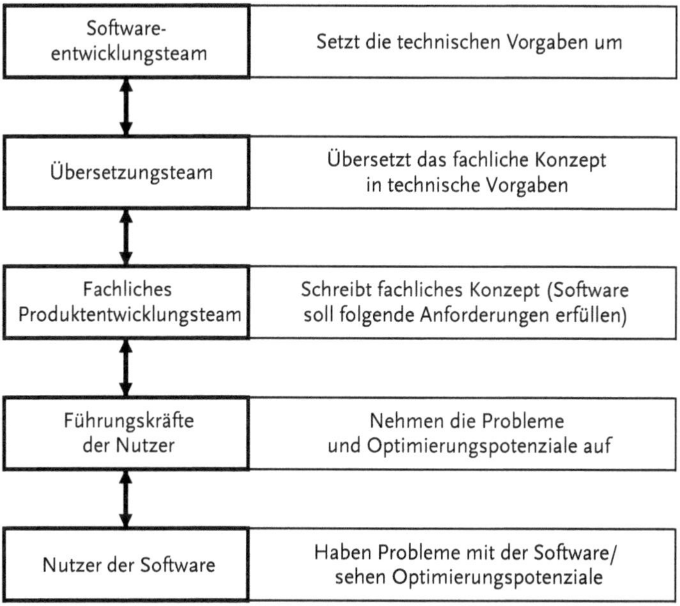

Abb. 7: Realität der Produktentwicklung vieler Großunternehmen

einige Instanzen zwischengeschaltet. Es mag gute Gründe für diese Form der organisatorischen Arbeitsteilung geben. Aber auch an diesem Beispiel wird deutlich, wie maßgeblich die

Organisationsstruktur das Team in seinen Möglichkeiten begrenzt. Ein Softwareentwicklungsteam, das keinen Zugang zu den Nutzern der eigenen Software hat, kann sich nur schwer darin verbessern, die Nutzerbedarfe zu verstehen.

- Manchmal sind die Verantwortlichkeiten zwischen verschiedenen Teams unscharf, sodass Verantwortung im luftleeren Raum zwischen den Teams liegen bleibt: »Den Softwarefehler muss Team X selbst beheben. Schließlich sind die für die Website-Konfiguration zuständig« versus »Naja, der Fehler liegt in der Datenbank, und die ist ja in der Hand von Team Y. Die werden das schon machen.« Beide Teams sehen die Aufgabe beim jeweils anderen Team. Daher wird vorerst nichts unternommen. Die Klarheit über die Abgrenzung der Verantwortungsbereiche hat also einen Einfluss auf die Dauer, in der Fehler unbearbeitet bleiben. Darüber hinaus führt unklare Verantwortlichkeit nicht selten zu Reibungen. (»Das ist doch euer Job und nicht unserer!«) Daher lohnt es sich, als Teamentwickler auf die Abgrenzung von Verantwortungsbereichen zu schauen und eine Klärung herbeizuführen – zumindest, wenn die Unklarheit zu Problemen führt.

Wie die Beispiele zeigen, erklären strukturelle Rahmenbedingungen zum einen Spannungen mit umliegenden Teams oder Abteilungen. Zum anderen begrenzen sie die Möglichkeiten, sich als Team in eine bestimmte Richtung weiterzuentwickeln. (Mehr Verkäufe wären gar nicht sinnvoll; die Aufbaustruktur sieht Nutzerkontakt nicht vor.) Auch wenn Teamentwickler meist nicht über die geschilderten Punkte entscheiden dürfen, können sie gezielt auf Anpassungen hinwirken, indem sie die Auswirkungen der bestehenden Strukturen aufzeigen.

Fazit

Das Zusammenspiel des Teams mit angrenzenden Organisationseinheiten beeinflusst maßgeblich, welchen Beitrag ein Team fürs Unternehmen leisten kann. Daher sollten sich Teamentwickler nicht nur auf das Geschehen innerhalb des eigenen Teams konzentrieren. Sie benötigen ein Gespür dafür, wie sich die organisatorische Einbettung des Teams auswirkt. Ansonsten riskieren sie, bedeutsame Hebel für die Weiterentwicklung des Teams zu übersehen.

9.2 Soll ich mein Team gegen übergriffige Manager abschirmen?

Gedanken eines Teamentwicklers: Das selbstgesteuerte Team will autonom arbeiten und reagiert allergisch auf Nachfragen und Eingriffe der disziplinarischen Führungskräfte: »Wie wir das machen, ist unsere Sache, da müsst ihr uns schon vertrauen.« Die Manager halten entgegen: »Ich muss schon wissen, was ihr da macht. Schließlich muss ich meinen Kopf hinhalten, wenn es in die Hose geht!« Als Scrum Master sitze ich zwischen den Stühlen. Soll ich das Team abschirmen, damit es in Ruhe arbeiten kann? Oder hat das Management ein Anrecht darauf mitzubekommen, was das Team tut und im Zweifel einzugreifen? Ab wann ist eine Führungskraft übergriffig?

Das Ausmaß, in dem disziplinarische Vorgesetzte in die Arbeit eines Teams involviert sind, unterscheidet sich von Kontext zu Kontext stark. So ist es in einigen Unternehmen völlig normal und von allen akzeptiert, dass der Vorgesetzte am wöchentlichen Planungstermin des Teams teilnimmt, sich ein Bild von der Durchführung macht und für die Zukunft eine andere Vorgehensweise festlegt, während das gleiche Verhalten in einem anderen Umfeld als hochgradig übergriffig bewertet werden würde. (»Wie wir im Team arbeiten, ist unsere Sache!«)

Gerade in agilen Umfeldern haben Teams in der Regel den Anspruch, die eigene Arbeit autonom zu organisieren. Häufig besteht der Wunsch nach klaren und generellen Antworten darauf, was Teams im agilen Umfeld selbst entscheiden dürfen und was nicht, was die Führungskraft darf und was nicht … So verständlich dieser Wunsch nach Klarheit ist, so wenig kann es auf diese Fragen allgemeingültige Antworten geben – zu unterschiedlich sind die Teams und ihre Kontexte. Beispielsweise wären nicht alle Teams gleichermaßen in der Lage, regulatorische Belange der eigenen Software selbst zu verantworten: Während einige Teams gesetzliche Anforderungen im Rahmen der Softwareentwicklung unaufgefordert berücksichtigen, sind andere Teams mit dieser Aufgabe überfordert. (»Wie bekommen wir Gesetzesänderungen überhaupt mit? Woher wissen wir, dass wir das richtig machen? Was ist, wenn wir dafür keine Zeit haben? …«)

Statt also grundsätzlich zu definieren, wann Vorgesetzte sich einmischen sollen und wann nicht, sollten Teamentwickler für das spezifische Team erkennen, wann sich Aktivitäten des Managements negativ auswirken, aber auch, wann sich Führungskräfte zu passiv verhalten. Grundsätzlich gilt es, ein Spannungsfeld zwischen Zutrauen, Geduld und Vertrauensvorschüssen auf der einen Seite und einem angemessenen Dranbleiben und Nachhalten auf der anderen Seite auszubalancieren. Von beiden Polen gibt es ein »Zuviel des Guten!« Abbildung 8 stellt die erläuterten Punkte zusammenfassend in Form eines Werte- und Entwicklungsquadrats nach Schulz von Thun dar.

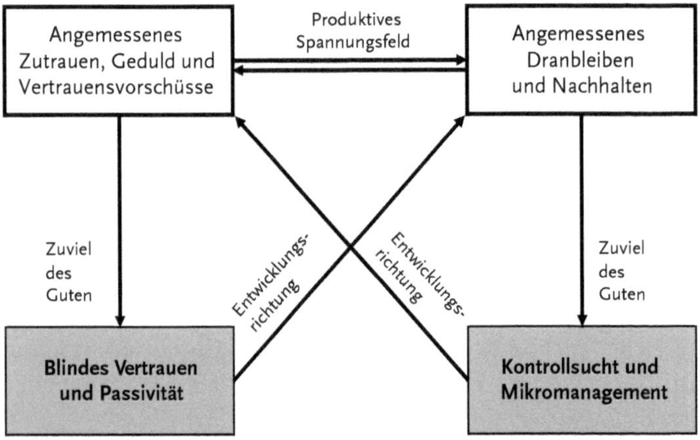

Abb. 8: Vertrauen und Kontrolle im Werte- und Entwicklungsquadrat (verändert nach Schulz von Thun 1989, S. 39)

Teamentwickler sollten erkennen, wann Eingriffe oder Informationswünsche seitens des Managements in Kontrollsucht und unangemessenes Mikromanagement ausarten. Um einige *Indikatoren für zu viel Einmischung* zu nennen:

- Führungskräfte, die ständig beim Team auf der Matte stehen, signalisieren zwischen den Zeilen: Tut nichts, ohne euch bei mir rückzuversichern! Das Team wird ausgebremst. Sich selbst steuernde Teams sollten die alltäglichen Entscheidungen

eigenverantwortlich und zügig treffen können. Muss selbst für Kleinigkeiten ständig ein »Go« eingeholt werden, ist das ein Problem.
- Wenn Führungskräfte sich inhaltlich in Details einmischen, kann das negative Konsequenzen nach sich ziehen. Im schlimmsten Fall hören die Teammitglieder auf, sich eine eigene Meinung zu bilden und diese zu vertreten. Stattdessen orientieren sie sich an den Vorschlägen, Ideen und Gedanken des Chefs. (»Wozu sollen wir noch mitdenken, wenn der Chef ohnehin entscheiden will?«) Das Wissen der Teammitglieder bleibt ungenutzt. Teamentwickler haben im Blick, inwieweit Teammitglieder unter Anwesenheit des Managements die eigene Sicht zurückstellen.
- Das Team wird immer wieder aus dem eigenen Arbeitsfluss gerissen, um den »Informationsbedürfnissen« des Managements gerecht zu werden oder sich mit den Ideen des Chefs auseinanderzusetzen. Arbeitszeit ist begrenzt und sollte möglichst produktiv eingesetzt werden. Investiert ein Team viel Zeit in Statusberichte oder Begründungen der eigenen alltäglichen Entscheidungen, sollten Teamentwickler stutzig werden.

Doch auch blindes Vertrauen ist nicht die Lösung. Wenn Teams völlig abgeschirmt von den Führungskräften arbeiten, könnten folgende Situationen entstehen:

- Führungskräfte bekommen Konflikte zwischen Team- und Organisationsinteressen nicht mit und erkennen daher nicht, wann und wo entsprechende Vorgaben sinnvoll wären. Beispiel: Das Team wählt für das neue Softwareprojekt eine exotische Programmiersprache. Diese ist aus Sicht der Teammitglieder hochspannend und sicherlich für den eigenen Lebenslauf von Vorteil. Da bisher aber in keinem Konzernbereich mit ihr gearbeitet wurde und auf dem Arbeitsmarkt kaum Entwickler mit dieser Expertise vorhanden sind, macht sich das Unternehmen von den Teammitgliedern sehr abhängig. Wenn Führungskräfte derartige Entscheidungen nicht mitbekommen, ist das ein Warnsignal.
- Wichtige Leitplanken und Ziele werden seitens des Teams ohne Konsequenzen ignoriert. Beispiel: Das Team missachtet rechtliche Datenschutzanforderungen oder die neue Unternehmens-

strategie. Die Führungskräfte bekommen das nicht mit und können entsprechend nicht reagieren. Das Management wird der eigenen Verantwortung nicht gerecht.

Wer als Teamentwickler zu der Einschätzung gelangt, dass sich Führungskräfte zu viel oder zu wenig einmischen, sollte das Gespräch suchen. Dabei ist es hilfreich, *auf eine normative Argumentation zu verzichten* (»Als Führungskraft darfst du nicht …«). Führungskräften Kontrollsucht, Mikromanagement oder Passivität vorzuwerfen ist selten der Einstieg in ein konstruktives Gespräch. Stattdessen ist es oft förderlich, die Auswirkungen des bisherigen Verhaltens auf das Team zu beschreiben (»In die Erstellung des Berichts, den du vom Team forderst, investiert es bestimmt zwei bis drei Stunden Zeit.«) und mit der Führungskraft Chancen und Risiken zu diskutieren (»Was riskieren wir, wenn wir den Bericht kürzen oder vielleicht sogar weglassen?«).

Ein paar Gedanken zu Vertrauen und Kontrolle

(Selbst gesteuerte) Teams benötigen Vertrauensvorschüsse, um eigenverantwortlich handeln zu können. Ohne Geduld und Zutrauen wird ein Team nicht ins Laufen kommen. Vertrauensvorschüsse lassen sich einfordern, echtes Vertrauen allerdings nicht. Echtes Vertrauen entsteht, wenn Teams mit den zugestandenen Vertrauensvorschüssen verantwortungsbewusst umgehen – und (wichtig!) die Organisation das mitbekommt. Wenn eine Führungskraft vom Team nichts mitbekommt, kann kein echtes Vertrauen entstehen. Deswegen wird im agilen Umfeld der *Wert der Transparenz* zu Recht hochgehalten. Teams, die ihre Ergebnisse und Entscheidungen offenlegen, ermöglichen es anderen, diese kritisch infrage zu stellen und sich ein Bild vom Team zu machen. Mit anderen Worten: *Transparenz ermöglicht Kontrolle* (auch wenn der Begriff Kontrolle sehr negativ konnotiert ist).

Kontrolle in Form eines angemessenen Dranbleibens und Nachhaltens seitens des Managements ist durchaus gerechtfertigt. Kontrolle hat aber vor allem im agilen Umfeld einen schlechten Ruf, weil es dem Selbstverständnis vieler Teams widerspricht. (»Wir sollen eigenverantwortlich arbeiten, und trotzdem muss uns da jemand von außen auf die Finger gucken?«) Daher bergen Kontrollaktivitäten immer die Gefahr, auf Empörung zu stoßen.

Dieses Risiko lässt sich eindämmen, indem man die Kontrollbedarfe gut begründet und die *Form* der Kontrolle gemeinsam mit dem Team bespricht. So können Führungskräfte auf das Team zugehen und ihre Situation schildern: »Ich bin dazu angehalten sicherzustellen, dass ihr die gesetzlichen Anforderungen einhaltet. Wir müssen als Unternehmen damit rechnen, vom Amt XYZ geprüft zu werden, und die Strafen bei Nichteinhaltung sind hoch. Daher muss ich das mindestens einmal pro Quartal checken und an die Geschäftsführung melden. Daran kommen wir nicht vorbei. Wir können aber zusammen überlegen, wie wir das handhaben. Soll ich jeweils einen Termin mit euch als Team machen, und wir schauen gemeinsam drauf? Oder sendet ihr mir einfach Auszüge? Habt ihr andere Ideen? Ich bin da offen.« Als Teamentwickler gilt es, nicht nur darauf zu achten, wo zu viel oder zu wenig Kontrolle stattfindet, sondern auch darauf, *wie Kontrolle kommuniziert und umgesetzt wird.*

Fazit

Ein Team sollte nicht grundsätzlich gegen jede Art von Einmischung des Managements abgeschirmt werden. Vielmehr sollten Teamentwickler im Einzelfall abschätzen können, wann sich entsprechende Aktivitäten der Führungskraft negativ auf das Team auswirken. Wer negative Auswirkungen nachvollziehbar beschreiben kann, gewinnt oft ein offenes Ohr der Führungskraft. Ähnlich wie ein Zuviel an Kontrolle negative Auswirkungen hat, gilt dies auch für ein Zuwenig.

9.3 Das Team ist orientierungslos: Was tun, wenn der Auftrag des Teams oder dessen Gestaltungsspielraum unklar ist?

Gedanken eines Teamentwicklers: Das Team hat viele Freiheiten. Das ist grundsätzlich erst einmal gut. Mit so viel Freiraum sind dem Team alle Möglichkeiten gegeben, etwas Sinnvolles für die Organisation zu tun. Es darf selbst bestimmen, wie es arbeitet, und zu großen Teilen sogar, woran. Aber irgendwie kommen wir nicht vom Fleck. Bei so vielen Möglichkeiten verstricken wir uns ständig in Diskussionen. Die anfängliche Freude schlägt langsam in Frust um. Agilität hin oder her. Manchmal wünschte ich mir jemanden, der von außen vorgibt: »*Das* ist euer Ziel, und ihr geht *diesen* Weg!«

Stellen wir uns vor, ein Softwareentwicklungsteam eines Großkonzerns erhält folgenden Auftrag: »Schafft den größtmöglichen Nutzen fürs Unternehmen. Wie ihr das macht, bleibt euch überlassen.« Mit dieser pauschalen Formulierung wären die meisten Teams überfordert: Auf welche Zielgruppe sollen wir uns konzentrieren? Welche bestehenden Verträge müssen wir berücksichtigen? Wie grenzen wir uns vom Wettbewerb ab? Woran arbeitet die Konkurrenz? Gibt es Shareholder-Erwartungen, die wir berücksichtigen müssen? Was ist mit all den anderen Softwareentwicklungsteams im Konzern? Wir wollen schließlich nicht entwickeln, was andere schon tun ...

Um das Team mit all diesen Fragen nicht zu überfrachten, werden diese zu weiten Teilen an anderen Stellen im Unternehmen beantwortet. So erarbeitet beispielsweise das Management eine Strategie, bestimmt die Kernzielgruppen und benennt die zentralen Handlungsfelder, aus denen sich die Aufträge für die Teams ableiten. Je enger diese Aufträge formuliert sind, desto geringer ist die Komplexität für die Teams. Ein noch recht weit gefasster Auftrag könnte lauten: »Findet heraus, wo die größten Herausforderungen für unsere Kundenberater in den Filialen liegen, und entwickelt eine Lösung dafür.« Der Auftrag, eine Software für die Buchung und Zuteilung von Firmenwagen zu entwickeln, ist schon etwas konkreter, lässt aber noch Spielraum. Eine bestehende App ins Englische zu übersetzen oder auf dem Mobilgerät nutzbar zu machen, ist dann noch mal eine Stufe enger gefasst.

Der Vorteil eng formulierter Aufträge ist die damit verbundene *Klarheit:* Das Team weiß, was zu tun ist, und kann loslegen. Zu eng formulierte Aufgabenstellungen lassen jedoch das *Innovationspotenzial der Teams ungenutzt.* Eine Lösung für die Probleme der Kundenberater zu schaffen, lässt deutlich mehr Spielraum für kreative Ideen als die Übersetzung einer bestehenden Anwendung.

Orientierung kann nicht nur über die Formulierung eines klareren Auftrags ans Team geschaffen werden. Auch alle anderen Arten von *Vorgaben können Orientierung stiften.* Ein Softwareentwicklungsteam, das die freie Wahl zwischen allen Programmiersprachen hat, steht vor einer schwierigen Entscheidung. Die Teammitglieder bringen sehr unterschiedliche Erfahrungen in verschiedensten Programmiersprachen mit. Einige Teammitglieder sind sehr daran interessiert, eine neue, moderne Programmiersprache zu erlernen. Andere wiederum wollen sich den Lernaufwand sparen. Die Auswahl ist groß. Entsprechend schwierig ist die Entscheidung. Würde die Organisation drei Programmiersprachen zur Auswahl stellen, wäre der Entscheidungsspielraum zwar sehr eingeschränkt, die Entscheidung aber vermutlich leichter. Ist vorab festgelegt, dass das teamübergreifende Koordinationsmeeting jeden Mittwoch um 9 Uhr mit genau einem Vertreter pro Team stattfindet, müssen Zeitpunkt und Anzahl der zu entsendenden Personen nicht mehr geklärt werden.

Jede Vorgabe, also alles, was den Entscheidungs- und Gestaltungsspielraum des Teams einschränkt, reduziert die Komplexität und schafft damit etwas Orientierung. Natürlich immer mit der Gefahr, etwas vorzugeben, was die Teams selbst besser entscheiden könnten. (»Für das Projekt wäre eine andere Programmiersprache doch viel sinnvoller ...«)

Fazit

Ein klarer Auftrag und enge Vorgaben stiften Orientierung: Was vorgegeben ist, muss nicht mehr entschieden werden. Wer sein Team orientierungslos erlebt, kann also versuchen, über das Management einen engeren Auftrag oder Vorgaben herbeizuführen. Teamentwickler sollten aber auch darauf achten, dass die Gestaltungsspielräume nicht zu stark eingeschränkt werden. Wenn alles festgelegt ist und ein Team Aufgaben nur noch nach exakten Vorgaben abarbeitet, gibt es nichts mehr zu organisieren. Hier würde man nicht von echter Teamarbeit sprechen. Im besten Fall erkennen Teamentwickler, wann zu weite Vorgaben das Team überfordern und wann zu enge Vorgaben das Potenzial des Teams ungenutzt lassen.

9.4 Mein Team steht enorm unter Zeitdruck. Was soll ich tun?

Gedanken eines Teamentwicklers: Kaum ist eine Deadline erreicht, drängt schon die nächste. Die Teammitglieder sind im Dauerstress, und ich als Teamentwickler frage mich, was meine Rolle im Ganzen ist: Soll ich das Management auffordern, den Druck rauszunehmen? Soll ich Themen vom Team fernhalten, um dieses zu schützen? Würde ich dann nicht dazu beitragen, dass das Team den Fuß vom Gas nimmt und am Ende weniger erreicht? Das kann doch nicht meine Aufgabe sein, oder? Und noch ein Punkt, der mich ärgert: Der hohe Zeitdruck führt dazu, dass Teamentwicklungstermine ständig ausfallen oder verschoben werden müssen.

Aus Sicht der Organisation ist Zeitdruck nicht per se schlecht. Zeitdruck kann ein Team zu gemeinsamer Anstrengung motivieren und dazu führen, dass sich ein Team fokussiert. Der enge Fokus kann aber negative Wirkungen nach sich ziehen. So investiert ein Softwareentwicklungsteam möglicherweise aufgrund des hohen Zeitdrucks hundert Prozent seiner Kapazität in die Entwicklung dringend benötigter Features und verliert dabei gefährliche Sicherheitslücken aus seinem Blickfeld. Das Vertriebsteam schafft es vor lauter Fokus auf den nächsten großen Pitch nicht, die neue Kollegin angemessen einzuarbeiten.

Hoher Zeitdruck kann dazu führen, dass Teams hektisch drauflosarbeiten und unnötige Fehler machen. Janice Karau und Steven Kelly (1992) haben in Laborexperimenten herausgefunden, dass Zeitverknappungen zunächst zu einer höheren Leistung der untersuchten Gruppen führten. Der Fokus lag ganz auf der Sachaufgabe. Allerdings nicht ohne einen Preis: Es fiel auf, dass mit zunehmendem Zeitdruck vor allem soziale Aktivitäten (Zuhören, positive Rückmeldungen, Austausch von Erfahrungen) zurückgingen. Sobald der Zeitdruck eine bestimmte Schwelle überschritt, kam es zu einem Leistungsabfall (Abb. 9), möglicherweise weil die sozialen Aktivitäten ein notwendiges Maß unterschritten.

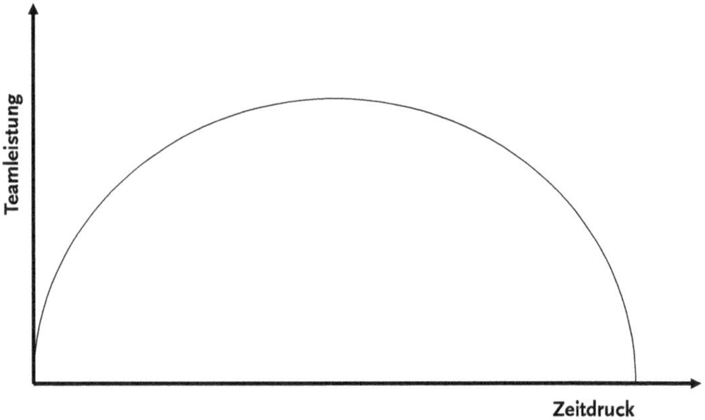

Abb. 9: Teamleistung und Zeitdruck

Neben den Auswirkungen auf die Teamleistung sind die Auswirkungen auf den einzelnen Mitarbeiter zu berücksichtigen. Dauerhaft erlebter (Zeit-)Druck ist ein erheblicher Stressor, der langfristig zu Erschöpfung, Frustration und Unzufriedenheit bis hin zu psychosomatischen Auswirkungen und Burn-out führen kann (Darawad et al. 2015).

Durch die Fokussierung auf die sachliche Teamaufgabe des Teams führt hoher Zeitdruck oft dazu, dass Teamentwicklungsaktivitäten wie Retrospektiven und Workshops ausgesetzt werden. Ohne Zeit für gemeinsame Reflexion kann Teamentwicklung aber nicht stattfinden. Auch neue Teamregeln, die im Rahmen eines Teamentwicklungsworkshops erarbeitet wurden und nun erprobt werden sollen, geraten unter Zeitdruck schnell in Vergessenheit. Hektik führt häufig dazu, dass man sich auf eingeübte Gewohnheiten besinnt oder, anders ausgedrückt, in alte Muster verfällt. Neue, noch nicht eingeübte Teamregeln auf dem Schirm zu behalten, sie auszuprobieren und ihren Effekt gemeinsam zu reflektieren, um sie gegebenenfalls anzupassen, kostet Energie und häufig auch etwas Zeit. Beides ist in hochgradig stressigen Phasen rar. Teamentwickler befinden sich in Phasen hohen Zeitdrucks im Spagat: Fordere ich die Einhaltung der neuen Teamregeln ein und sorge ich für Reflexionsräume? Oder halte ich mich damit jetzt besser zurück und warte ab, bis es etwas ruhiger wird?

Manchmal wäre gerade in den Stressphasen Teamentwicklung angebracht, um Fragen wie die folgenden zu bearbeiten: »Wie gelingt es uns, auch jetzt einen kühlen Kopf zu bewahren?« oder »Wie können wir die neuen Kollegen trotz des Stresses gut einarbeiten, sodass sie das Team schnellstmöglich sinnvoll unterstützen und damit entlasten können.« Ähnlich wie der Holzfäller, der keine Zeit hat, seine Säge zu schärfen, weil er sägen muss, besteht hier die Gefahr, mit stumpfen Werkzeugen bis zur Erschöpfung weiterzuarbeiten.

Teamentwickler können für Reflexionsräume einstehen. (»Für die Retrospektive muss Zeit sein. Gerade jetzt!«) Mindestens genauso wichtig kann es sein, auf eine Reduzierung des Drucks hinzuwirken. Manchmal besteht unter Managern der Glaube, dass unter hohem Zeitdruck am Ende mehr rumkommt. Und ganz von der Hand zu weisen ist diese Idee wie erläutert nicht. Allerdings gibt es einen Punkt, an dem der positive Zusammenhang zwischen Zeitdruck und Leistung kippt. Wer die negativen Auswirkungen des Zeitdrucks an konkreten Beispielen (»Unsere Fehlerquote hat sich verdoppelt, und die Teammitglieder sind immer häufiger krank …«) aufzeigen kann, findet in der Regel Gehör. Oft besteht nun die Bereitschaft, über eine klarere Priorisierung (Nicht alles hat gleichzeitig oberste Priorität) oder realistischere Deadlines zu diskutieren.

Fazit

Teamentwickler sollten erkennen, wenn sich zu großer Zeitdruck negativ auf das Team auswirkt (Hektik, Überlastung, Fehler, Vernachlässigung anderer wichtiger Aufgaben, psychischer Stress, ...), und auf eine Reduzierung des Drucks hinwirken. Gleichwohl kann ein gewisser Druck durch anspruchsvolle, aber realistische Ziele einen positiven Effekt auf die Teamleistung haben. Es geht um Angemessenheit. Die zu finden und aufrechtzuhalten ist keine leichte Aufgabe.

9.5 Das Team wächst und wächst. Sind wir nicht langsam zu groß?

Gedanken eines Teamentwicklers: Damit wir schneller werden, bekommen wir immer mehr Leute ins Team. Aber kann das funktionieren? Mein Eindruck ist, dass wir uns gegenseitig ausbremsen. Die Meetings sind zäh, und keiner hat mehr so richtig den Überblick, woran wir im Team überall arbeiten. Das Management würde vermutlich vom Stuhl fallen, wenn ich sage, wir wollen keine neuen Kollegen mehr. Schließlich sind wir mit dem Projekt in Verzug. Was soll ich tun?

Auch die Größe des Teams ist ein zentraler Rahmenparameter. Angesichts des hohen Einflusses der Teamgröße auf die Teamarbeit ist es für Teamentwickler wichtig, die Effekte der Teamgröße im Team abschätzten zu können. Teamentwickler können in der Regel nicht über die Größe ihres Teams entscheiden. Da sie aber aus ihrer Position heraus grundsätzlich gut beobachten können, wie sich die Teamgröße auf die Zusammenarbeit im Team auswirkt, erhält ihr Wort mit einer schlüssigen Argumentation entsprechendes Gewicht.

Wenn die Teamgröße von Bedeutung ist, stellt sich die Frage nach der *optimalen Teamgröße*. Der aktuelle Scrum Guide (Schwaber u. Sutherland 2020, S. 5) spricht von zehn oder weniger Mitgliedern, und in der Sachbuchliteratur liest man nicht selten, fünf bis neun Teammitglieder seien optimal (z. B. Hofert u. Visbal 2021, S. 23). Die Gruppenforschung (Edding 2009b, S. 489) zeigt immer wieder Zusammenhänge zwischen der Größe einer Gruppe und ihrer Produktivität auf: Mit zunehmender Gruppengröße steigt die Produktivität zunächst. Allerdings wird der Produktivitätszuwachs mit jedem neuen Gruppenmitglied kleiner. Ab einem bestimmten Punkt, dem Kipppunkt, sinkt die Produktivität der Gruppe trotz zunehmender Anzahl an Teammitgliedern. Der Kipppunkt variiert abhängig von der spezifischen Situation und Aufgabe des Teams. Daher gibt es keine universell für alle Teams geltende optimale Teamgröße. Im besten Fall (er)kennen Teamentwickler die Auswirkungen zu großer und zu kleiner Teams. Dann lässt sich im konkreten Einzelfall für oder gegen eine Vergrößerung/Verkleinerung des Teams argumentieren.

Teamarbeit basiert auf der Idee, dass jeder mit jedem sprechen kann. Die Anzahl der möglichen Kommunikationsbeziehungen steigt jedoch exponentiell mit der Gruppengröße: In einem kleinen Team aus drei Mitgliedern gibt es genau drei mögliche Zweierbeziehungen (A kann mit B kommunizieren, B mit C, A mit C). In einem Team aus sieben Mitgliedern sind es schon 21 und bei einem Zwölferteam 66 Zweierkonstellationen. Dreier-, Vierer- und Fünferkonstellation sind hier noch nicht angesprochen. Der Kommunikationsaufwand steigt ab einer bestimmten Teamgröße mit jedem Teammitglied enorm.

Konsequenzen großer Teams sind:

- Je größer ein Team, desto größer ist auch die Wahrscheinlichkeit, dass die verschiedenen Teammitglieder an unterschiedlichen Themen arbeiten. Und wenn dann bei Teamterminen über die verschiedenen Themen gesprochen wird, sind diese immer nur für einen Teil des Teams relevant. Die Aufmerksamkeit der Teammitglieder sinkt, und die Termine werden oft anstrengend. Anders in kleinen Teams, deren Mitglieder alle gleichzeitig am selben Thema arbeiten und daher auch alle daran interessiert sind, es zu besprechen.
- Wenn verschiedene Teammitglieder parallel an ganz unterschiedlichen Themen arbeiten, kann der Einzelne nicht mehr den Überblick darüber behalten, wer im Team woran arbeitet und was die relevanten Herausforderungen sind. Über die Teamgrenzen hinweg wird es für einzelne Mitglieder immer schwieriger, fürs Team auskunftsfähig zu sein. (»Ich weiß nicht genau, ob wir daran arbeiten oder wie der Stand ist.«)
- Je größer das Team, desto weniger glaubt das einzelne Mitglied daran, einen nennenswerten Beitrag zum Ergebnis beitragen zu können. Das Zutrauen in die Bedeutung des eigenen Beitrags nimmt mit steigender Teamgröße ab (Kerr 1989).

- Es ist irgendwann nicht mehr ohne Weiteres möglich, zu jedem Teamkollegen eine gute Beziehung zu pflegen. Der Aufwand ist zu hoch. Die Wahrscheinlichkeit, dass sich ein echtes Wir-Gefühl ausprägt, ist in großen Teams geringer. Häufig entstehen Subgruppen.
- Auch Verantwortung kann in großen Teams einfacher an die anderen Teammitglieder abgeschoben werden. (»Einer der Kollegen wird schon auf die Anfrage antworten …«)

Der Glaube, dass ein Team automatisch schneller wird, wenn man weitere Teammitglieder hinzufügt, ist aufgrund der dargestellten Nachteile gefährlich. Häufig werden Teams (gerade in agilen Umfeldern) zu leichtfertig vergrößert. Anstatt die Struktur von Meetings und die Absprachen zwischen den Teammitgliedern weiter zu optimieren, ist es manchmal besser, die Teamgröße zu reduzieren.

Aber auch *kleine Teams* sind problematisch.

- Sie decken oft nicht alle Kompetenzen ab, die zur Erledigung der Teamaufgabe benötigt werden. Kann innerhalb des eigenen Teams nicht auf das notwendige Know-how zurückgegriffen werden, entstehen Abhängigkeiten zu anderen Organisationseinheiten: Man ist immer wieder auf den Kollegen aus der Nachbarabteilung angewiesen, allerdings hat dieser dort ganz andere Prioritäten, was regelmäßig zu langen Wartezeiten führt. Es hat große Vorteile, *alle Kompetenzen im eigenen Team zu bündeln,* die benötigt werden, um die Teamaufgaben autonom zu erledigen. Die Geschwindigkeit des Teams steigt aufgrund geringer Wartezeiten, und darüber hinaus kann Teamverantwortung nicht an andere Teams abgeschoben werden. (»Wir hätten das ja geschafft, wenn wir die Zulieferung rechtzeitig erhalten hätten.«) Kleine Teams können oft nicht die notwendigen Kompetenzen abdecken, um wirklich unabhängig zu arbeiten.
- Wenn in einem kleinen Team aus vier Personen zwei gleichzeitig und unerwartet ausfallen (z. B. durch Krankheit), ist die Gefahr groß, dass das Team nicht mehr reaktionsfähig ist. Auch Terminzusagen geraten viel schneller ins Wanken, schließlich fehlen fünfzig Prozent des Teams. In einem Team aus zehn Personen ist die Gefahr viel geringer, aufgrund unerwarteter Ausfälle vor großen Problemen zu stehen.

Je unterschiedlicher die erforderlichen Kompetenzen, desto eher lassen sich die hohen Kommunikationskosten eines großen Teams in Kauf nehmen. Durch ein größeres Team können dann möglicherweise Abhängigkeiten zu anderen Teams vermieden werden. Sind unerwartete Ausfälle im Team kritisch, spricht das ebenfalls für eine Vergrößerung des Teams.

Aufgrund des mit jedem weiteren Teammitglied überproportional steigenden Kommunikationsaufwands stellt sich die Frage, ob sich ein weiteres Mitglied für das Team noch rentiert. Aber auch dann, wenn ein Team aus neun Personen mit einer zehnten nur noch ein Prozent schneller würde, könnte sich das aus Unternehmenssicht lohnen. Nämlich dann, wenn dieses eine Prozent wirtschaftlich so bedeutsam ist, dass es die höheren Personalkosten aufwiegt. (»Jedes Prozent Geschwindigkeit ist hier Millionen wert!«)

Fazit

Sowohl zu große als auch zu kleine Teams haben negative Auswirkungen auf die Teamleistung. Wann ein Team zu klein und wann es zu groß ist, hängt vom jeweiligen Kontext ab. Wer als Teamentwickler in der Lage ist, die Auswirkungen der Teamgröße zu erkennen, kann fundiert für oder gegen eine Veränderung der Teamgröße argumentieren.

10 Das Ende in Sicht

Der Auftrag ist geklärt, man sucht Anschluss ans Team und begleitet es eine gewisse Zeit. Als temporärer Teamentwickler vielleicht nur für einen kurzen spezifischen Einsatz zu einem bestimmten Anliegen, als dauerhafter Teamentwickler vielleicht über Jahre. Man arbeitet mit dem Team an Teamentwicklungsthemen und erreicht gemeinsam das eine oder andere Teamentwicklungsziel. Teamentwickler sorgen durch ihre Arbeit für Veränderungen im Zusammenspiel der Teammitglieder. Manchmal stehen zwischenmenschliche Spannungen im Vordergrund, und manchmal geht es um die alltäglichen Herausforderungen der Selbststeuerung. Gegebenenfalls wirkt man als Teamentwickler auch auf das Umfeld des Teams ein. Aber irgendwann, mal früher, mal später, ist ein Ende in Sicht.

In Kapitel 10.1 beschäftigen wir uns mit der Frage, wie sich ein absehbares Ende auf die Teamentwicklung auswirkt, und in Kapitel 10.2 besprechen wir, wann es für den Teamentwickler an der Zeit ist, ein Team zu verlassen.

10.1 Das Ende des Projekts ist in Sicht. Was bedeutet das für die letzten Wochen der Teamentwicklung?

Gedanken eines Teamentwicklers: Das Projekt neigt sich dem Ende zu. Aller Voraussicht nach wird das Team dann aufgelöst, um die Teammitglieder auf andere Projekte zu verteilen. Jetzt, mit dem Ende in Sicht, besteht kaum noch Motivation für Teamentwicklung, und ich frage mich, was ich in dieser Zeit jetzt machen soll? Lohnt es sich noch, in Teamentwicklung zu investieren? Das Team erwartet von mir, dass ich mich für das Weiterbestehen des Teams einsetze. Aber, ehrlich gesagt, bin ich mir gar nicht so sicher, ob das so gut wäre …

Ein absehbares Ende in der Zukunft beeinflusst das Verhalten des Teams schon in der Gegenwart. Oft werden Spannungen eher hingenommen, da die Teammitglieder das baldige Ende voraussehen. (»Die sechs Wochen halte ich jetzt auch noch aus …«) Manchmal regt ein baldiger Abschluss zu mehr Engagement an (»Lasst uns das gut zu Ende bringen«), manchmal sind die Teammitglieder aber gedanklich auch schon beim nächsten Projekt. Ein absehbares Ende der Zusammenarbeit reduziert oft die Bereitschaft, sich als Team noch aktiv weiterzuentwickeln. (»Warum sollten wir jetzt noch in Teamentwicklung investieren, wenn wir ohnehin bald auseinandergehen?«) Die Beschäftigung mit längerfristigen Teamentwicklungszielen ist dann nicht mehr sinnvoll.

Möglicherweise gibt es aber noch letzte Herausforderungen, die das Team zu bewältigen hat und die sinnvoll im Rahmen der letzten Teamentwicklungsaktivitäten beleuchtet werden können. Teamentwickler können Raum für ein Resümee der gemeinsamen Zusammenarbeit schaffen. (»Worauf können wir besonders stolz sein? Was haben wir gelernt? Was haben wir aneinander geschätzt? Was waren Highlights?«)

Für Teammitglieder, die über lange Zeiträume zusammengearbeitet haben, ist das Ende des Teams häufig ein radikaler Einschnitt in ihren Alltag und nicht selten mit Trauer oder Angst verbunden. Kollegen, die man über Monate oder Jahre täglich gesehen hat (häufig öfter als die eigene Familie und Freunde), sieht man zukünftig nicht mehr. Teamentwickler können durch geeignete Reflexionsräume einen guten, oft emotionalen Abschluss der Teammitglieder unterstützen.

Wenn noch nicht entschieden ist, ob man das Team auflöst und die Teammitglieder auf andere Projekte verteilt oder ob man nach einem neuen Projekt für das Team sucht, um es in der bestehenden Konstellation weiterarbeiten zu lassen (»Never change a running system«), werden auch Teamentwickler oft nach ihrer Einschätzung gefragt.

Natürlich ist nicht immer gleich das nächste Projekt in der Pipeline, das nur darauf wartet, vom Team bearbeitet zu werden. Manchmal sind die Personallücken an anderen Stellen in der Organisation so groß, dass vieles dafürspricht, die frei werdenden Mitarbeiter auf andere Teams aufzuteilen. Da ein eingespieltes Team für eine Organisation aber einen immensen Wert haben kann, ist die Frage, ob man ein leistungsstarkes Team weiterhin an einer gemeinsamen Aufgabe arbeiten lässt, berechtigt. Ein Team, dessen Mitglieder sich psychologisch sicher fühlen, das funktionale Teamregeln für eine gelingende Zusammenarbeit ausgebildet hat und erwiesenermaßen gute Ergebnisse erzielt, sollte keinesfalls leichtfertig aufgelöst werden.

Manchmal ist es aber an der Zeit, einen Schlussstrich zu ziehen. Es gibt Teams, die über einen langen Zeitraum ein hohes Niveau halten, und es gibt Teams, bei denen sich im Laufe der Jahre ein gemeinsamer Trott eingestellt hat.

Die wohl bekanntesten Forschungen zu der Frage, wie die Lebensdauer eines Teams mit der Teamleistung zusammenhängt, sind schon einige Jahrzehnte alt (Katz 1982; Katz a. Allen 1982). Die beteiligten Autoren verglichen eine Vielzahl von Projektteams und deren Entwicklung im Zeitverlauf. Die durchschnittliche Leistung der Projektteams war anfangs niedrig. Die Teammitglieder mussten erst einmal miteinander warm werden und gemeinsame Praktiken entwickeln. Nach dieser Anfangsphase stieg die Leistung deutlich an. Nach fünf Jahren fiel sie hingegen wieder ab.

Wie die Forschenden herausfanden, hatten Projektteams, die mehr als fünf Jahre bestanden, sich (unabhängig vom Lebensalter der Teammitglieder) deutlich stärker von ihrer Organisation isoliert als weniger lang bestehende Teams. Ideen und Erkenntnisse, die nicht von ihnen selbst stammen, wurden deutlich öfter abgelehnt. Das *»Not-invented-here«-Syndrom* (»Wenn die Idee nicht von uns kommt, kann sie nicht gut sein«) war in lang bestehenden Teams deutlich stärker ausgeprägt.

Daher kann ein nahendes Projektende aus Unternehmenssicht eine Chance sein, die Teammitglieder in anderen Zusammenhängen einzusetzen. Auch vorhandene zwischenmenschliche Krisen können dafürsprechen, ein Team aufzulösen. Kann ein hochgradig eskalierter Teamkonflikt nach mehreren Mediationsversuchen nicht gelöst werden und lähmt das Team, ist eine Teamauflösung oder eine deutliche Veränderung der Teamzusammensetzung manchmal der letzte, aber notwendige Ausweg.

Die Frage, ob man ein Team auflösen sollte, bleibt immer eine Einzelfallentscheidung, die von verschiedenen Faktoren abhängt: Wie ist die Leistung des Teams zu bewerten? Hätten wir eine neue Aufgabe für das Team, die zu den Kompetenzen seiner Mitglieder passt? Wie dringend werden die Leute in anderen Projekten oder Teams benötigt? Wäre es vielleicht sogar gut, das Team aufzulösen, weil es sich zunehmend von der Organisation abkapselt? Oder weil es durch unauflösbare Spannungen gelähmt ist?

Fazit

Wenn klar ist, dass sich das Team in absehbarer Zeit auflösen wird, sinkt die Bereitschaft der Teammitglieder, in Teamentwicklung zu investieren. Teamentwickler können dann letzte Herausforderungen in den Mittelpunkt der Teamentwicklungsaktivitäten stellen oder einen Abschluss unterstützen, indem sie Raum für ein gemeinsames Resümee und eine Würdigung der geleisteten Arbeit schaffen. Solange noch nicht entschieden ist, ob man ein Team beispielsweise nach einem anstehenden Projektende auflöst oder nach einer neuen Aufgabe für das Team sucht, um es zu erhalten, gilt es sorgsam abzuwägen: Es kann gute Gründe gegen die Auflösung eines Teams geben, aber auch dafür.

10.2 Wann sollte der Teamentwickler das Team verlassen?

Gedanken eines Teamentwicklers: Ich begleite das Team jetzt schon seit mehreren Jahren, kenne die Charaktere gut und habe mir ein gutes Standing erarbeitet. Die Teammitglieder vertrauen mir und sind dankbar für meine Unterstützung. Gleichwohl frage ich mich, wie wirksam ich in meiner Rolle noch bin. Bin ich noch in der Lage, das Team auf blinde Flecke hinzuweisen? Sorge ich für Entwicklungsimpulse? Braucht mich das Team überhaupt noch? Oder ist es langsam an der Zeit für mich, das Team zu verlassen?

In diesem abschließenden Kapitel werfen wir noch einen Blick auf Gründe, die dafürsprechen, ein Team als Teamentwickler zu verlassen:

- *Betriebsblindheit:* Teamentwickler können im Laufe der Zeit »teamblind« werden. Routinen des Teams, über die man sich zu Beginn sehr gewundert hat, nimmt man inzwischen ganz selbstverständlich hin, und Teamregeln, die man lange für problematisch hielt, werden nicht mehr hinterfragt. Der Blick für die Eigenheiten des Teams schwindet. Für die Rolle des Teamentwicklers ist das ein ernsthaftes Problem. Wer nichts mehr sieht, kann die Arbeit des Teams nicht mehr hinterfragen. Und wer nichts mehr infrage stellt, wird als Teamentwickler wenig wirksam sein.
- *Kein Anschluss ans Team:* Team und Teamentwickler haben die ersten gemeinsamen Wochen (oder Monate) hinter sich, aber irgendwie scheint der Funke nicht überzuspringen. Mög-

licherweise war der Start holprig (Kap. 3), vielleicht passt aber auch die Chemie einfach nicht. Der Teamentwickler hat auch nach mehreren Anläufen mit dem Team nicht das notwendige Standing, um im Team wirksam agieren zu können. Anstatt sich am Team aufzureiben, kann es ein gangbarer Weg sein, das Team zu verlassen.

- *Veränderung der Situation:* Manchmal verändert sich die Situation eines Teams so stark, dass wichtige Rahmenbedingungen der Teamentwicklung nicht mehr gegeben sind. Zum Beispiel in dem Fall, dass der stark erhöhte Projektdruck gemeinsame Teamentwicklungstermine nicht mehr zulässt. Wer als Teamentwickler keine Reflexionsräume mit dem Team hat, wird seinen Auftrag nicht ausführen können, sodass ein Verlassen oder zumindest ein vorübergehendes Aussetzen des Teamentwicklungsauftrags als sinnvoll erscheint. Ähnliches gilt, wenn die Kompetenzen des Teamentwicklers nicht mehr zum Auftrag passen, wenn man beispielsweise als Experte für qualitätssichernde Teampraktiken akquiriert worden ist und sich nach einiger Zeit in einer Situation wiederfindet, die professionelle Mediationskompetenz erfordert. Dann zeugt es von Professionalität, sich aus dem Auftrag zurückzuziehen und eine entsprechende Empfehlung auszusprechen: »Lieber Kunde, aus meiner Sicht benötigt das Team einen erfahrenen Mediator. Dafür bin ich nicht qualifiziert und solange die Wogen im Team nicht geglättet sind, kann ich nicht sinnvoll mit ihm zusammenarbeiten.«
- *Erreichung des Ziels oder Lösung des Problems:* Im besten Fall kann der Teamentwicklungsauftrag ein organisches Ende nehmen. Das Team hat gelernt, was es lernen sollte. Es hat die Entwicklungsziele erreicht, und alle sind zufrieden. Das Problem, für das temporäre Teamentwickler hinzugezogen wurde, ist gelöst. Für dauerhafte Teamentwickler ist diese Situation eher untypisch. Da der Auftrag nicht mit einem konkreten Anliegen begann, gibt es auch kein definiertes und daher anzustrebendes Ende. Hat ein Team aber ein zufriedenstellendes Niveau erreicht, steht nicht selten die folgende Frage im Raum: Braucht das Team überhaupt noch einen dauerhaften Teamentwickler in diesem Umfang? Sie ist berechtigt. Anstatt einen dauerhaften Teamentwickler weiterhin in einem funktionierenden Team

einzusetzen, könnte dieser in einem weniger gut eingespielten Team einen größeren Beitrag für die Organisation leisten.

Fazit

Es gibt gute Gründe dafür, ein Team als Teamentwickler zu verlassen. Dies kann aufgrund von Betriebsblindheit, fehlendem Anschluss ans Team, einer Veränderung der Situation oder der Erfüllung des Teamentwicklungsauftrags geschehen. Irgendwann endet die gemeinsame Reise.

Anhang: Agile Grundbegriffe

Für den »agilen Neuling« erläutere ich an dieser Stelle einige Begriffe, insbesondere aus dem Scrum-Framework. Dabei beschränke ich mich auf ein Minimum, das ausreichend ist, um die im Buch verwendeten Beispiele in ihren Kernbotschaften nachzuvollziehen. Wer sich tiefergehend mit dem Thema Agilität beschäftigen will, sei auf weitere Literatur verwiesen (z. B.: Schwaber u. Sutherland 2020; Leopold 2018; Watts 2013; Groth, Krejci u. Günther 2021).

Scrum

Scrum ist ein Framework (deutsch: Rahmenwerk) für die agile Produktentwicklung und stammt ursprünglich aus der Softwareentwicklung. Das Framework gibt bestimmte Rollen, Meetings und Werkzeuge vor, die einem Team einen Rahmen für die gemeinsame Zusammenarbeit geben. Scrum ist das agile Framework mit der höchsten Verbreitung (State of Agile Report 2022, p. 11), gefolgt von Kanban.

Scrum Team

Das Scrum Team besteht aus einem Product Owner, einem Scrum Master und einigen Entwicklern (Schwaber u. Sutherland 2020, S. 5):

> »Innerhalb eines Scrum Teams gibt es keine Teilteams oder Hierarchien. Es handelt sich um eine geschlossene Einheit von Fachleuten, die sich auf ein Ziel konzentrieren, das Produkt-Ziel. Scrum Teams sind interdisziplinär, d. h., die Mitglieder verfügen über alle Fähigkeiten, die erforderlich sind, um in jedem Sprint Wert zu schaffen. Sie managen sich außerdem selbst, d. h., sie entscheiden intern, wer was wann und wie macht.«

Product Owner

Der Product Owner trägt die Verantwortung darüber, *was* das Scrum Team entwickelt. Er beschreibt die zu entwickelnden Anforderungen (Features) und führt Entscheidungen über deren Priorisierung herbei. Seine Aufgabe ist es sicherzustellen, dass das Produkt den Kundenbedürfnissen entspricht.

Scrum Master

Der Scrum Master stellt sicher, dass das Scrum Team die Scrum-Prinzipien und -Prozesse effektiv anwendet. Er wirkt zudem als Teamentwickler für das Team. So dient er laut Scrum Guide dem Team unter anderem dadurch, dass er »die Teammitglieder in Selbstmanagement und interdisziplinärer Zusammenarbeit« coacht (ebd., S. 7).

Disziplinarische Führungskräfte im agilen Umfeld

Innerhalb eines Scrum Teams sind disziplinarische Führungskräfte nicht vorgesehen. In den meisten Unternehmen sind die Mitglieder agiler Teams dennoch disziplinarischen Vorgesetzten zugeordnet. Diese enthalten sich in der Regel der alltäglichen Arbeit des Teams und kümmern sich stattdessen um die Gestaltung passender Rahmenbedingungen (qualifiziertes Personal, Richtlinien für die Teams ...).

Scrum Meetings

Zentral für die Arbeit mit Scrum sind sogenannte Sprints. Ein Sprint ist ein ein- bis vierwöchiges Intervall, dass von regelmäßig stattfindenden Meetings eingerahmt ist (Planning zu Beginn eines Sprints; Retro und Review zum Sprint-Ende).

Planning

Beim Planning plant das Team gemeinsam alle Arbeitspakete (im Scrum-Umfeld: User Stories), die es im bevorstehenden Sprint entwickeln will. Ergebnis des Planning ist ein Ziel für den nun startenden Sprint.

Review

Das Review leitet das Ende des Sprints ein (ebd., S. 10):

> »Zweck des Sprint Reviews ist es, das Ergebnis des Sprints zu überprüfen und künftige Anpassungen festzulegen. Das Scrum Team stellt die Ergebnisse seiner Arbeit den wichtigsten Stakeholder:innen vor, und die Fortschritte in Richtung des Produkt-Ziels werden diskutiert. Während des Events überprüfen das Scrum Team und die Stakeholder:innen, was im Sprint erreicht wurde und was sich in ihrem Umfeld verändert hat. Auf der Grundlage dieser Informationen arbeiten die Teilnehmenden gemeinsam daran, was als Nächstes zu tun ist.«

Retrospektive

Die Retrospektive (»Retro« abgekürzt) schließt den Sprint ab. In diesem Meeting reflektiert das Team, was im Sprint gut gelaufen ist und was nicht. Dabei betrachtet es die Zusammenarbeit zwischen den Teammitgliedern, hinterfragt Prozesse und geltende Teamregeln. Verbesserungspotenziale werden identifiziert, und Maßnahmen werden beschlossen. Der Scrum Master übernimmt in der Regel die Konzeption und die Moderation der Retrospektive.

Daily

Das Daily (oder »Daily Stand-up«) ist ein täglich stattfindendes, meist 15-minütiges Meeting zur Synchronisation des Teams. Der Fortschritt in Richtung des Sprint-Ziels wird überprüft, Hindernisse werden besprochen, und wichtige Informationen werden ausgetauscht.

Literatur

Aronson, E., T. Wilson u. R. Akert (2014): Sozialpsychologie. Hallbergmoos (Pearson).

Audi, M., B. Bauernfeind, E. Feichtner, W. Kerntke, U. M. Seidel, D. Renger, G. Wagner u. M. Wahler (2009): Konfliktkostenstudie. Die Kosten von Reibungsverlusten in Industrieunternehmen. Verfügbar unter: https://docplayer.org/359666-Konfliktkostenstudie-die-kosten-von-reibungsverlusten-in-industrieunternehmen.html [10.2.2024].

Bardmann, T. M. (1994): Wenn aus Arbeit Abfall wird. Aufbau und Abbau organisatorischer Realitäten. Frankfurt a. M. (Suhrkamp).

Beersma, B. a. G. A. van Kleef (2011): How the grapevine keeps you in line: Gossip increases contributions to the group. *Social Psychological and Personality Science* 2 (6): 642–649.

Bienefeld, N. a. G. Grote (2014): Speaking up in ad hoc multiteam systems: Individual-level effects of psychological safety, status, and leadership within and across teams. *European Journal of Work and Organizational Psychology* 23 (6): 930–945.

Bosson, J. K., A. B. Johnson, K. Niederhoffer a. W. B. Swann (2006): Interpersonal chemistry through negativity: Bonding by sharing negative attitudes about others. *Personal Relationships* 13 (2): 135–150.

Brinkmann, B. u. K. Schattenhofer (2022): Erfolgreiche Teams in der Selbstorganisation: Sechs Aufgaben, damit Teams arbeitsfähig werden -und welche Rolle Führung dabei spielt. München (Franz Vahlen).

Conen, M. L. u. G. Cecchin (2007): Wie kann ich Ihnen helfen, mich wieder loszuwerden? Therapie und Beratung in Zwangskontexten. Heidelberg (Carl-Auer), 8. Aufl. 2022.

Darawad, M. W., H. Nawafleh, M. Maharmeh, A. M. Hamdan-Mansour a. S. N. Azzeghaiby (2015): The relationship between time pressure and burnout syndrome: A cross-sectional survey among Jordanian nurses. *Health* 7 (1): 14–22.

Dimberg, U. a. A. Öhman (1996): Behold the wrath: Psychophysiological responses to facial stimuli. *Motivation and Emotion* 20: 149–182.

Downey, J. L. a. L. Christensen (2006): Belief persistence in impression formation. *North American Journal of Psychology* 8 (3): 479–487.

Duden (2023): Verantwortung. Verfügbar unter: https://www.duden.de/rechtschreibung/Verantwortung [30.9.2023].

Edding, C. (2009a): Kleingruppenforschung. Geschichte, aktueller Stand, Bedeutung für die Praxis. In: C. Edding u. K. Schattenhofer (Hrsg.): Handbuch Alles über Gruppen. Theorie, Anwendung, Praxis. Weinheim/Basel (Beltz), S. 47–85.

Edding, C. (2009b): Die Umwelt von Gruppen–Kontextorientierung und Kontextsteuerung. In: C. Edding u. K. Schattenhofer (Hrsg.): Handbuch Alles über Gruppen. Theorie, Anwendung, Praxis. Weinheim/Basel (Beltz), S. 467–500.

Edmondson, A. C. (2020): Die angstfreie Organisation. Wie Sie psychologische Sicherheit am Arbeitsplatz für mehr Entwicklung, Lernen und Innovation schaffen. München (Franz Vahlen).

Edmondson, A. C. a. D. P. Bransby (2023): Psychological safety comes of age: Observed themes in an established literature. *Annual Review of Organizational Psychology and Organizational Behavior* 10: 55–78.

Eggebrecht, M. (2021): Entschieden! Wie du im agilen Umfeld gute Beschlüsse herbeiführst. Frankfurt a. M. (Campus).

Felps, W., T. R. Mitchell a. E. Byington (2006): How, when, and why bad apples spoil the barrel: Negative group members and dysfunctional groups. *Research in Organizational Behavior* 27: 175–222.

Foerster, H. von (1993): KybernEthik. Berlin (Merve).

Glasl, F. (1980): Konfliktmanagement. Ein Handbuch für Führungskräfte, Beraterinnen und Berater. Bern (Haupt), 11. Aufl. 2013.

Goffman, E. (2003): Wir alle spielen Theater. München (Piper), 19. Aufl. 2021.

Groth, T., G. P. Krejci u. S. Günther (Hrsg.) (2021): New Organizing. Wie Großorganisationen Agilität, Holacracy & Co. einführen – und was man daraus lernen kann. Heidelberg (Carl-Auer).

Grubendorfer, C. (2016): Einführung in systemische Konzepte der Unternehmenskultur. Heidelberg (Carl-Auer), 3. Aufl. 2023.

Hackman, J. R. (2012): From causes to conditions in group research. *Journal of Organizational Behavior* 33 (3): 428–444.

Haddock, G. u. G. R. Maio (1990): Einstellungen. In: K. Jonas, W. Stroebe u. M. Hewstone (Hrsg.): Sozialpsychologie. Berlin/Heidelberg (Springer), S. 197–228; 6. Aufl. 2014.

Hofert, S. u T. Visbal (2021): Teams & Teamentwicklung. Wie Teams funktionieren und wann sie effektiv arbeiten. München (Franz Vahlen).

Karau, S. J. a. J. R. Kelly (1992): The effects of time scarcity and time abundance on group performance quality and interaction process. *Journal of Experimental Social Psychology* 28 (6): 542–571.

Katz, R. (1982): The effects of group longevity on project communication and performance. *Administrative Science Quarterly* 27 (1): 81–104.

Katz, R. a. T. J. Allen (1982): Investigating the Not Invented Here (NIH) syndrome: A look at the performance, tenure, and communication patterns of 50 R & D Project Groups. *R&D Management* 12 (1): 7–20.

Kenny, D. A., C. Horner, D. A. Kashy a. L. C. Chu (1992): Consensus at zero acquaintance: replication, behavioral cues, and stability. *Journal of Personality and Social Psychology* 62 (1): 88–97.

Kerr, N. L. (1989): Illusions of efficacy: The effects of group size on perceived efficacy in social dilemmas. *Journal of Experimental Social Psychology* 25 (4): 287–313.

Kieser, A. u. P. Walgenbach (2010): Organisation. Stuttgart (Schäffer-Poeschel).

Konradt, U., K. P. Otte, M. C. Schippers a. C. Steenfatt (2016): Reflexivity in teams: A review and new perspectives. *The Journal of Psychology* 150 (2): 153–174.

Kühl, S. (2015): Das Regenmacherphänomen. Widersprüche im Konzept der lernenden Organisation. Frankfurt a. M. (Campus).

Kühl, S. (2016): Strategien entwickeln. Eine kurze organisationstheoretisch informierte Handreichung. Wiesbaden (Springer VS).

Kühl, S. u. J. Muster (2016): Organisationen gestalten. Eine kurze organisationstheoretisch informierte Handreichung. Wiesbaden (Springer VS).

Leopold, K. (2018): Agilität neu denken. Mit Flight Levels zu echter Business-Agilität. Heidelberg (dpunkt), 2. Aufl. 2022.

Luhmann, N. (1973): Zweckbegriff und Systemrationalität. Berlin (Suhrkamp).

Morgan, G. u. I. O. Wacker (2008): Bilder der Organisation. Stuttgart (Klett-Cotta).

Muster, J., S. Büchner, T. Hoebel u. T. Koepp (2020): Führung als erfolgreiche Einflussnahme in kritischen Momenten. Grundzüge, Implikationen und Forschungsperspektiven. In: C. Barthel (Hrsg.): Managementmoden in der Verwaltung. Sinn und Unsinn. Wiesbaden (Springer Gabler), S. 285–305.

Naquin, C. E. a. R. O. Tynan (2003): The team halo effect: Why teams are not blamed for their failures. *Journal of Applied Psychology* 88 (2): 332–340.

Nijstad, B. A. u. D. Van Knippenberg (1990): Gruppendynamik. In: K. Jonas, W. Stroebe u. M. Hewstone (Hrsg.): Sozialpsychologie. Berlin/Heidelberg (Springer), S. 439–467, 6. Aufl. 2014.

Oestereich, B. u. C. Schröder (2017): Das kollegial geführte Unternehmen. Ideen und Praktiken für die agile Organisation von morgen. München (Franz Vahlen).

Salas, E., T. L. Dickinson, S. A. Converse a. S. I. Tannenbaum (1992): Toward an understanding of team performance and training. In: R. W. Swezey a. E. Salas (eds.): Teams. Their training and performance. New York (Ablex), pp. 3–29.

Schattenhofer, K. (2009): Selbststeuerung von Gruppen. In: C. Edding u. K. Schattenhofer (Hrsg.): Handbuch Alles über Gruppen. Theorie, Anwendung, Praxis. Weinheim/Basel (Beltz), S. 437–466.

Schippers, M. C., D. N. Den Hartog a. P. L. Koopman (2007): Reflexivity in teams. A measure and correlates. *Applied Psychology* 56 (2): 189–211.

Schulz von Thun, F. S. (1989): Miteinander reden 2. Stile, Werte und Persönlichkeitsentwicklung. Differentielle Psychologie der Kommunikation. Reinbek (Rowohlt).

Schwaber, K. u. J. Sutherland (2020): Der Scrum Guide. Der gültige Leitfaden für Scrum: Die Spielregeln. Verfügbar unter: https://scrumguides.org/docs/scrumguide/v2020/2020-Scrum-Guide-German.pdf [17.4.2024].

Simon, F. B. (2007): Einführung in die systemische Organisationstheorie. Heidelberg (Carl-Auer), 8. Aufl. 2021.

Simon, F. B. (2014): Einführung in die (System-)Theorie der Beratung. Heidelberg (Carl-Auer), 2. Aufl. 2019.

Simon, H. A. (1945): Entscheidungsverhalten in Organisation. Eine Untersuchung von Entscheidungsprozessen in Management und Verwaltung. Landsberg am Lech (Moderne Industrie) 3., stark erw. Aufl. 1981.

Stasser, G., L. A. Taylor a. C. Hanna (1989): Information sampling in structured and unstructured discussions of three-and six-person groups. *Journal of Personality and Social Psychology* 57 (1): 67–78.

State of Agile Report (2022): State of Agile Report. Verfügbar unter: https://digital.ai/resource-center/analyst-reports/state-of-agile-report/ [30.9.2023].

Stempfle, J. (2005): Eine integrative Theorie des Problemlösens in Gruppen III: Sozio-emotionale Regulation, Konflikte und Kompetenzbedrohungen. *Gruppendynamik und Organisationsberatung* 36: 61–80.

Thomann, C. (1998): Klärungshilfe 2. Konflikte im Beruf – Methoden und Modelle klärender Gespräche. Reinbek (Rowohlt), 6. Aufl. 2014.

Thomann, C. u. C. Prior (2007): Klärungshilfe 3. Das Praxisbuch. Reinbek (Rowohlt), 3. Aufl. 2013.

Tjosvold, D., M. M. Tang a. M. West (2004): Reflexivity for team innovation in China: The contribution of goal interdependence. *Group & Organization Management* 29 (5): 540–559.

Watts, G. (2013): Scrum Mastery. Von gutem zu großartigem Servant Leadership. Cheltenham (Inspect & Adapt).

Über den Autor

Michel Eggebrecht, M. Sc.; Wirtschaftspsychologe, systemischer Organisationsberater und agile Coach; vormals Scrum Master in verschiedenen Teams und disziplinarische Führungskraft im agilen Umfeld sowie Dozent an der Hochschule Fresenius für Sozialpsychologie, Konfliktmanagement und Moderation. Arbeitsschwerpunkte: selbstgesteuerte Teams, Einbettung agiler Teams in komplexe Unternehmenskontexte, Entscheidungsprozesse im agilen Umfeld, Teammediation, Ausbildung von Scrum Mastern.

Susanne Delius | Cornelia Strobel

Zusammen entscheiden

Tools, Anleitungen, erprobte Rezepte

199 Seiten, Kt, 2024
ISBN 978-3-8497-0524-4

In der Arbeitswelt 4.0 wird gemeinsames, kollaboratives Entscheiden im Team großgeschrieben. Nur: Das Herstellen von Perspektivenvielfalt alleine reicht nicht, um gut zu entscheiden. Damit Entscheiden gelingt, müssen offene und kontroverse Dialoge geführt werden, die verschiedene Perspektiven auch tatsächlich integrieren. Je komplexer das Thema, je vielfältiger die Meinungsunterschiede, umso wichtiger wird die Gestaltung des Kommunikationsprozesses.

Dieser Band versammelt erprobte Rezepte, die gemeinsames Entscheiden in Unternehmen erleichtern, die Qualität von Beschlüssen erhöhen und deren konsequente Umsetzung beschleunigen. Wie in einem guten Kochbuch decken die Rezepte unterschiedliche Anlässe ab, machen Angaben zu Zutaten, Aufwand und Schwierigkeitsgrad und beschreiben detailliert die Vorgehensweise. Diese klare Struktur macht das Buch gleichermaßen für Anfänger:innen wie für erfahrene Profis zur nützlichen Anleitung für wirksames und effizientes Entscheiden.

Mit Beiträgen von: Christoph Burmann • Marc Fillinger • Stefan Groß • Dorothea Hartmann • Walter Herter • Ingrid Kohlhofer • Angelika Limmer • Katrin Makkenstedt • Matthias Ohler • Volker Steinhoff • Ulrike Sutrich • Albert Vollmer • Anja Vrany

Carl-Auer Verlag • www.carl-auer.de